山东省重点研发计划项目(2017GG90102)资助
山东省高等学校科技计划项目(J17KA217)资助

复杂条件下巷道围岩破坏机理及控制技术研究

马长青　张培鹏　郑朋强　著

U0337731

中国矿业大学出版社
·徐州·

内 容 提 要

本书通过物理力学实验,分析水对岩体物理力学特性的影响以及含水岩体裂隙发育规律,研究含水岩体裂隙发育的力学机理;利用钻孔窥视仪,研究近距离下煤层淋水巷道顶板劣化特征;通过锚杆锚索拉拔力学实验,揭示水对锚固段支护效应的影响;利用 FLAC3D 数值模拟,分析工作面开采底板破坏区发育规律及淋水巷道围岩变形破坏规律;最后通过研究锚杆锚索对巷道顶板裂隙岩体、顶板离层的控制作用,揭示锚杆间距、锚杆预紧力以及锚索预紧力等参数对巷道围岩稳定性的影响,提出锚杆锚索联合支护方案,并通过团柏煤矿 11-101 工作面进行验证。

图书在版编目(C I P)数据

复杂条件下巷道围岩破坏机理及控制技术研究/马
长青,张培鹏,郑朋强著. —徐州:中国矿业大学出版
社,2020.12
    ISBN 978-7-5646-4866-4

    Ⅰ. ①复… Ⅱ. ①马… ②张… ③郑… Ⅲ. ①复杂地
层-巷道围岩-岩石破坏机理-研究②复杂地层-巷道围
岩-围岩控制-研究 Ⅳ. ①TD322②TD263.4

    中国版本图书馆 CIP 数据核字(2020)第 242677 号

书 名	复杂条件下巷道围岩破坏机理及控制技术研究
著 者	马长青 张培鹏 郑朋强
责任编辑	周 红
出版发行	中国矿业大学出版社有限责任公司
	(江苏省徐州市解放南路 邮编 221008)
营销热线	(0516)83884103 83885105
出版服务	(0516)83995789 83884920
网 址	http://www.cumt.com E-mail:cumtpvip@cumtp.com
印 刷	苏州市古得堡数码印刷有限公司
开 本	787 mm×1092 mm 1/16 印张 8.25 字数 148 千字
版次印次	2020 年 12 月第 1 版 2020 年 12 月第 1 次印刷
定 价	48.00 元

(图书出现印装质量问题,本社负责调换)

前　言

　　近年来,随着煤炭资源开采强度的日益增大,浅部、开采条件好的煤炭资源日渐枯竭,随之而来的是煤炭开采地质条件愈趋复杂。对于煤层间距较小的开采条件,下部煤层开采前其顶板已受到上部煤层开采损伤影响,其完整性受到一定程度的破坏。尤其是可采煤层位于矿井含水层附近时,上部煤层开采后可能导致采空区大量积水,采空区水对下部煤层的顶板会产生不良影响,威胁井下工作人员的人身安全,制约矿井的安全生产。

　　本书通过物理力学实验,分析水对岩体物理力学特性的影响以及含水岩体裂隙发育规律,研究含水岩体裂隙发育的力学机理;利用钻孔窥视仪,研究近距离下煤层淋水巷道顶板劣化特征;通过锚杆锚索拉拔力学实验,揭示水对锚固段支护效应的影响;利用 FLAC3D 数值模拟,分析工作面开采底板破坏区发育规律及淋水巷道围岩变形破坏规律;最后通过研究锚杆锚索对巷道顶板裂隙岩体、顶板离层的控制作用,揭示锚杆间距、锚杆预紧力以及锚索预紧力等参数对巷道围岩稳定性的影响,提出锚杆锚索联合支护方案,并通过团柏煤矿 11-101 工作面进行验证。

　　本书的研究内容得到了山东省重点研发计划项目(2017GG90102)、山东省高等学校科技计划项目(J17KA217)等的资助,在此表示感谢。

本书是在笔者博士论文基础上完善而成的,成书过程离不开笔者导师蒋金泉教授的悉心指导与帮助。

笔者在撰写本书过程中虽然尽了最大努力,但受水平所限,书中仍可能存在不当之处,敬请读者批评指正。

著 者
2020 年 6 月

目　　录

1　绪　　论

1.1　概述

随着我国国民经济的发展以及煤炭资源的过度开发,我国现阶段一定时期出现煤炭产能过剩现象。但是,根据我国目前的能源消耗结构,未来很长一段时期内,煤炭作为主体能源的地位不会改变。近年来,随着煤炭资源开采强度的日益增大,浅部、开采条件好的煤炭资源日渐枯竭,随之而来的是煤炭开采地质条件越来越复杂。岩体所处的地质环境变化以及由此引起的岩体力学性质、岩体结构、强度、变形等特性的变异,造成岩体破碎、涌水量加大、地温升高、作业环境恶化、巷道维护困难、成本提高等一系列问题,严重影响我国煤矿的安全高效生产。

由于煤层赋存条件的差异,不同煤田的可采煤层层数可从一层到数十层,层间距离大小也差异较大,甚至有时还出现煤层局部合并或分岔现象。煤层层间距的不同,相互间的开采影响程度差别很大。当煤层的层间距较大时,上部煤层开采后对下部煤层的开采影响程度很小,其下部煤层的开采方法和矿山压力显现规律一般不受上部煤层开采的影响。但随着煤层间距的减小,上下煤层间开采的相互影响程度会逐渐增大,特别是当煤层间距很小时,下部煤层开采前其顶板已受到上部煤层开采损伤影响,其完整性受到一定程度的破坏,此时上部煤层或为煤层开采后垮落的岩石(应力降低区),或为残留的区段煤柱(应力集中区),会导致下部煤层开采过程中顶板结构和应力环境发生重大变化,与以往单一煤层开采情况相比,下部煤层开采过程中会出现较为复杂的矿山压力及矿山压力显现特征,对于近距离下部煤层的巷道布置系统和巷道支护方式的选择带来一定困难。尤其是可采煤层位于矿井含水层附近时,上部煤层开采后可能导致采空区大量积水,而上部煤层开采后对下部煤层的顶板会产生不良影响,渗流压力破坏其应力状态,促使顶板裂隙发育,从而使得采空区积水沿着下部煤层顶板裂隙面流入巷道,对下部煤层巷道支护方式及开采方法选择也会带来严重的不良影响,如果处置不好会对下部煤层开采尤其是巷道支护造成不安全隐患,威胁井下工作人员的人身安全,制约矿井的安全生产。

目前,单一煤层或大间距煤层开采的顶板岩层控制理论和经验,不能很好地解释近距离煤层条件下的矿压现象原理及控制机理。另外,由于近距离采空区下淋水巷道顶板状态具有特殊性,下煤层煤巷支护技术和支护方法存在诸多困难。因此,本书以山西霍州煤电团柏煤矿 11-101 工作面为研究对象,通过室内试验、数值模拟和现场试验,研究近距离上煤层工作面开采对底板的破坏、下煤层淋水巷道的围岩破坏机理,提出淋水巷道控制技术。研究成果将为近距离采空区下淋水等复杂条件下工作面巷道支护提供理论依据与技术保证,具有重要的现实意义。

1.2 水对裂隙围岩的力学作用机理研究现状

针对水对裂隙围岩的力学作用机理,国内外学者通过理论分析、试验研究和数值分析等方法进行了广泛的研究,认为当天然岩体内存在孔隙和裂隙流体时,很容易发生破坏。由于在地下矿山开采中,地下水的存在不仅使原岩的内部结构和性质发生改变,而且还显著改变结构面的性质,这两方面作用使得富水巷道围岩极易发生破坏。

1.2.1 水对裂隙围岩破坏的理论研究

目前,国内外专家学者在水对裂隙围岩的作用机理方面进行了较多理论研究。汤连生、周萃英[1]运用水文地球化学理论、突变理论和伪张力法分析了受力岩体在水化学综合作用下的破坏机理。姚强岭[2]结合弹塑性理论和岩石渗流的基本理论,得到了富水巷道在有支护、无支护情况下塑性区半径和位移计算公式,并分析了影响塑性区半径和位移的因素。R. G. Jeffrey 和 K. W. Bruno 等[3-4]分别从水压和孔隙压力方向来研究岩石断裂过程。黄润秋[5]从断裂力学角度分析了水压作用下裂隙的扩展机理,研究了裂隙开张度的变化,探讨了水力劈裂作用以及裂隙开张度的影响因素。孙粤琳、沈振中等[6]应用无单元法,考虑渗流场与应力场的耦合作用,对岩体内初始裂缝的扩展进行追踪。采用断裂力学最大周向正应力理论,对裂缝的继续开裂扩展做出判断,确定开裂角,对新的结构再进行渗流-应力耦合分析,直至裂缝稳定为止。徐光黎[7]指出节理张开度是裂隙岩体力学研究的一个重要参数,并对节理张开度的分布形式、力学效应、等效水力学张开度进行了分析研究。汤连生、张鹏程等[8]在静水压力、动水压力及水化学损伤对裂纹尖端应力强度因子的基础上,推导出了考虑水压力和水化学损伤作用等不同条件下的含闭合或张开裂纹的岩体断裂强度新准则,提出水对含结构面(裂纹或节理)岩体的断裂力学效应的作用包括直接与间接两方面,直接作用来源于裂纹中的静水压力或动水压力,间接作用来源于水对裂纹面上的剪切强度(黏聚力与内摩擦角)的损伤,裂隙是否闭合对应着不同的表达式。郑顾团、殷有泉等[9]讨论了有渗透作用的破裂带和均匀介质围岩系统的稳定性问题,得出围岩系统被渗水软化后更容易处于失稳临界状态,并使外界对系统稳定性的影响被放大。陈钢林等[10]认为工程岩体发生变形破坏是由于岩石在一定的水压力作用下发生物理、化学和力学变化,而不仅是简单的力学效应。岩石的抗压强度指标受水量大小的显著影响,含水量越小强度指标值越小,且水对岩石的变形特征具有时间效应。黄伟、周文斌等[11]指出水岩化学作用受到水成分、流动状态、岩石成因及岩石矿物与胶结物的成分、岩石本身的物理性质和结构等因素的影响,从能量的角度揭示了水化学作用改变岩石力学性质的机理。J. Dunning[12-14]指出岩石矿物由于受到水溶液分子或离子的侵蚀、交换、溶解等,岩石结构和组成等发生变化,降低了岩石的强度以及裂隙面的黏聚力和摩擦系数。周翠英[15]等认为水改变了岩体的成分和结构,这两方面共同导致了短时间内岩体力学性能的改变。刘树新、张飞[16]研究指出巷道开挖后,原岩应力分布受到干扰,且由于渗透水压的作用,含水巷道围岩呈现次生应力,这种不平衡应力从根本上引起了围岩变形、移动和破坏。宋晓晨、徐卫亚[17]将饱和带裂隙岩体与非饱和带裂隙岩体中的渗流相比较,认为非饱和带岩体渗流的毛细管流、薄膜流和优先流以及基质-裂隙的相关作用特点使其具有显著的非均质性,并对模拟非饱和渗流的概念模型做了简要介绍。杨立中、黄涛[18]提出用渗透张量新方法解决含水围岩渗透时非均质各向异性的问题。罗声、许模[19]研究了在动水压力条件下裂隙岩体裂纹扩展的机理,分析了当受力裂隙岩体中的张开裂隙受到垂直裂纹长度方向的拉应力时的扩展机理。汪亦显[20]对含初始损伤岩体的损伤软化机制进行了研究,通过柔度引入张量,在单轴加载下分析了不同应力状态的初始损伤岩体演化,建立了裂纹体损伤演化方程。

1.2.2 水对裂隙围岩破坏的试验研究

康红普[21]通过大量实验证明水对岩石强度的弱化程度与岩石的物理性质、含水率、初始状态、应力状态和容重等因素息息相关,并建立了岩石遇水损伤变量的演变方程。朱珍德、胡定[22]运用断裂力学理论定量研究了岩石强度与裂隙长度、间距和方向的关系,推导了含裂隙水压力岩体的初始开裂强度公式,并通过实验进行了验证。A. B. Hawkins 和 B. J. Mcconnell 等[23]对 35 种砂岩干燥和饱和状态下的单轴抗压强度进行了试验分析,结果显示试块的强度受空隙水压力变化的影响很小,砂岩的软化系数介于 0.22～0.92 范围。O. Ojo 和 N. Brook[24]通过试验研究发现包括石英岩、灰岩和砂岩在内的岩石试件的抗拉强度随着湿度的增大而减小,但同时也存在随湿度的增大而增大的特例。饱和岩石的蠕变性较干燥岩石更加明显。Y. P. Chugh 和 R. A. Missavage[25]通过研究发现与自然环境下的试件相比,浸过水或者放置在 100%湿度条件下岩石试件的单轴抗压强度明显减少。刘光廷[26]等通过实验对比分析了自由状态下和受压状态下的泥钙质胶结砾岩浸水后的膨胀变形程度,指出砾岩初始含水率、应力及含水率变化值均影响泥钙质胶结砾岩遇水后的膨胀量。汤连生、张鹏程[27]对处于常温常压下的两种花岗岩和两种砂岩,经过不同化学性质的水溶液浸泡后的断裂力学指标进行三点弯曲试验。刘建、乔丽苹等[28]针对干燥、饱水、蒸馏水以及不同离子浓度和 pH 值水溶液循环流动作用至水-岩反应平衡后的砂岩试件,开展一系列单轴压缩试验和 CT 损伤测试,获得这些不同状态及水溶液作用后砂岩试件的应力-应变关系全过程曲线和 CT 扫描结果;分别研究砂岩弹塑性力学特性包括应力-应变关系、弹性模量、峰值强度及残余强度的水物理作用和水化学作用效应与机制;基于 CT 检测结果开展相应的水物理化学损伤分析;在此基础上,通过分析水物理化学作用对砂岩应力-应变关系的影响特征与规律,探讨并采用改进的 Duncan 模型来描述存在水物理化学作用效应的砂岩非线性弹性变形行为。陈四利等[29-31]进一步指出影响岩石力学特征的主要因素是化学腐蚀,液体的酸性或碱性强时腐蚀效应强烈,液体为中性时腐蚀效应较弱,岩石的腐蚀效应受到所处环境的显著影响。韩琳琳、徐辉等[32]使用 JQ200 型岩石剪切蠕变仪分别对灰岩、砂岩及其泥岩在饱水和干燥两种状态下进行蠕变试验,揭示了含水量影响岩石蠕变的本质:含水率减少时,岩石中的自由水减少,黏度增大,流动性变差,而含水率增加时,正好与之相反。侯艳娟、张顶立等[33]通过对处于高应力下的不同饱水状态软弱围岩进行单轴压缩试验,然后对饱水一个月的岩石试件在低围压时进行三轴压缩试验,研究饱水状态对围岩强度和体积应变的影响。试验结果指出在深部地下工程中,初期支护对围岩控制作用有限,但其可与附近的松动圈岩体产生相互作用,改善松动圈内围岩应力,更好地发挥围岩的自承能力。

1.2.3 水对裂隙围岩破坏的数值方法分析

赵永峰[34]通过 FLAC3D 有限差分数值计算软件模拟了巷道掘进初期无淋水及后期顶板发生淋水不同条件下围岩受力变形及破坏特征变化情况。章元爱、梅志荣等[35]采用三维有限元分析系统进行 FLAC3D 数值分析,模拟了富水复杂地质隧道施工开挖与支护过程中力学行为的变化,得出了富水复杂地层条件下围岩稳定性评价与支护系统优化方法。王昆[36]从断裂力学和损伤力学角度出发,研究了受到拉剪和压剪应力作用的初始含水裂隙岩体破坏演化机理,推导出损伤演化本构方程。并将初始含水裂隙岩体损伤演化本构方程通过 Visual C++2008 程序化,实现 FLAC3D 本构模型的二次开发,通过实例对模型进行了验证。唐春安[37]利用湿度场理论,研究了岩体中的湿度扩散与流变效应,建立了湿度-应力-损伤耦合作用的岩石流变模型,通过试样蠕变和松弛效应的数值模拟结果探究湿度扩散条件下岩石力学行为变化的时间效应。常春、周德培等[38]采用模糊神经网络模型分析静水压力下岩石的单轴抗压缩试验数据,得出了随静水压力增大岩石屈服强度与岩石的损伤程度成正比减小的结论。于青青等[39]为能够更加真实地模拟实际入渗试验中的渗流和岩体裂隙网络,利用逆方法建立了岩体三维裂隙网络模型,并采用任意多边形有限差分法分析裂隙面状渗流。吉小明、王宇会等[40]通过判断岩体的代表性单元是否存在以及岩体的基本结构特征建立了流固耦合模型,运用数值法分析了巷道开挖渗流与应力耦合的问题,研究指出巷道开挖时,相对于应力对边界的影响,渗流的影响更加明显。围岩的应力、位移由于渗流作用而突出,对围岩支护时应注重渗流效应。王林、徐青[41]利用三维有限元模型,采用 MCSFEM 对随机渗流场进行分析,研究表明随着渗透系数随机性的增加渗透体积力的变异性也变大。任文峰等[42]将理论分析、现场检测和数值模拟相结合,建立了水-岩相互影响、裂隙岩体的位移场、应力场和渗流场耦合的数值模型。赵延林[43]利用有限元数值验证其首次建立的渗流-应力下的压剪翼型裂纹模型,确立了裂纹岩体在渗流-压剪应力下的损伤断裂力学模型,揭示了裂纹在受到岩体水力时扩展的规律。同时,还研制了双重介质渗流-损伤-断裂耦合模型的有限元程序 DSDFC. for,采用空间节理单元进行应力分析,利用平面四节点等参单元或三角形单元进行渗流分析。

综上所述,国内外专家学者在岩石力学理论与试验方面进行了大量的研究,并且取得了较多的研究成果,为本书研究含水岩石力学特性及裂隙发育提供理论基础和试验方法。

1.3 近距离采空区下淋水巷道围岩稳定性研究现状

与单一煤层开采相比,近距离煤层采空区下开采时,其顶板完整性已受到破坏,使得下层煤的顶板及围岩的结构和应力环境发生改变,出现新的矿山压力显现现象。若此时巷道内还存在淋水现象,其巷道围岩所处环境将更为复杂。相关学者针对以上现象,通过理论分析、数值模拟和现场实测等进行了广泛的研究,取得了众多有益的科研成果。

杨敬轩、刘长友[44]将理论分析与现场实测相结合,系统研究了采空区下近距离两煤层顶板砌体结构,提出了非连续均载作用下的砌体结构承载运动特征普适模型,得出了房柱采空区下顶板滑落失稳条件,给出了直接顶失稳时,破断块前端的竖直合外力与顶板自身厚度及岩性特征间的制约关系。白庆升[45]等采用理论分析、数值模拟与现场试验等方法,应用软化机制研究了近距离煤层下开采时的采动应力演化规律。周楠、张强[46]利用相似模拟和现场实测的方法,探讨了近距离煤层采空区下工作面回采过程中覆岩运动和矿压显现规律:由于上煤层开采,老顶岩层完整性受到破坏,采空区下煤层开采时,工作面采场覆岩构成"块体-散体-块体"的复合老顶结构,使工作面开采过程中形成"小-大初次来压"的矿压显现规律。樊俊鹏[47]运用弹塑性和滑移线场理论进行分析,建立了"顶煤+直接顶岩层+垮落带岩层"结构模型,并推导出近距离开采下层煤顶板的损伤破坏范围,计算出最大屈服破坏深度和煤壁塑性区宽度。谢文兵[48]采用数值力学分析了近距离跨采引起底板岩巷位移的特点及对围岩稳定性的影响,指出近距离跨采巷道围岩位移受开采引起的整体位移场影响较大,而不单纯地取决于煤柱侧支承压力的作用。黄乃斌[49]等通过相似材料模拟实验分析了近距离采空区下回采引起的上覆岩层的破坏情况和支承压力分布规律,并对顶板冒落和采动裂隙发育特征进行了探讨。郑新旺[50]利用滑移线场理论结合现场地质条件,计算出了不同采高时采空区底板破坏范围。屠世浩、窦凤金[51]等采用弹性理论对浅埋房柱式采空区下近距离煤层综采工作面开采可能出现的大面积覆岩冲击式来压进行了研究。方新秋[52]研究了近距离煤层群回采巷道失稳机制,研究表明当上煤层采空区遗留煤柱宽度较小、下层煤巷道位于正下方、本煤层临近工作面护巷煤柱较小时,受采动影响后的巷道容易失稳。牛学超[53]指出近距离煤层巷道顶板破坏的主要原因为地压不变的条件下围岩强度逐步弱化,且靠近煤柱一侧下沉量大,靠近工作面一侧变形小。沈运才[54]分析研究了采空区下近距离煤巷巷道应力场及围岩破坏特征,工作面底板下一定范围内的岩体,当支承压力达到导致部分岩体破坏的最大载荷时,支承压力作用区域周围的岩体塑性区将连成一体,导致采空区底板隆起,已产生塑性变形的岩体向采空区内移动,形成连续滑移面,此时底板岩体受到的采动破坏最为严重。林健[55]分析了近距离采空区下软弱破碎煤层巷道破坏的主要原因和影响因素,指出近距离采空区下回采煤层最大水平应力不仅远大于垂直应力,而且最大水平主应力方向与巷道轴向的夹角为80°左右,极易造成巷道底板的变形和破坏。薛吉胜[56]利用弹塑性力学理论及数值模拟对霍洛湾煤矿极近距离煤层一盘区上分层开采对底板的影响进行研究,并利用数值模拟研究了底板损伤全过程以及内部应力变化情况,得出底板最大屈服深度。张百胜、杨双锁[57]等运用数值模拟方法,研究了煤柱支承压力在底板的分布规律和围岩破坏特征。刘志阳[58]研究指出近距离采空区下综采工作面小周期来压时由于下位基本顶在自重及其上部岩层重量的共同作用下发生二次破断和回转,且下位基本顶岩层距离工作面较近,故矿压显现明显。郭伟[59]采用滑移线场理论对近距离采空区底板破坏特征公式进行了推导。陈殿赋[60]利用 UDEC2D 数值模拟软件,研究了神华集团某矿 3213(1)工作面顶板运移情况,探讨了采空区下不同坚硬岩层间破断形式和动压显现。龚红鹏、李建伟等[61]对东曲煤矿近煤层群开采结构和围岩稳定性进行研究,指出采空区下开采时直接顶板节理发育充分,呈块状结构,规则垮落的上层煤的层顶板呈"拱式","拱式"结构的周期性失稳造成采空区下工作面来压增载。史元伟、郭潘强等[62]采用解析法、数值分析法研究了近距离煤层开采的相互影响、开采层及煤柱下方的底板岩层应力分布以及分层垮落法开采等围岩应力分布规律。朱涛等[63]依据极近距离煤层下方煤层开采的覆岩结构,建立了"散体-块体"顶板结构模型,并运用块体和散体理论,揭示了下煤层工作面断面顶板冒落的机理和动态过程。刘长友等[64]指出多采空区下坚硬厚层破断顶板群结构失稳具有一定的概率特征,采用威布尔多参数分布函数能很好地描述破断顶板群结构失稳模式,并建立了近距离煤层群多采空顶板群结构失稳模型,求得侏罗纪煤层群顶板结构的失稳率。刘志耀[65]结合理论分析和数值模拟研究发现,在矿山压力方面,下层煤回采巷道采用内错方式的稳定性优于外错式和重叠式,且内错1.5个巷道宽度时在应力、位移、破坏特征方面表现为最佳。安宏图[66]利用 FLAC3D 数值模拟软件研究发现,在近距离煤层采空区下回采时,由于稳定煤柱的存在,底板岩层的水平应力、垂直应力、剪切应力非均匀分布;距煤柱边缘处越近,不均衡的程度越大,反之则减小。史元伟[67]运用三维有限元计算程序模拟了近距离煤层采场围岩应力分布。吴爱民等[68-70]采用 DDA 数值模拟方法模拟分析了工作面开采对上覆岩层及留设下煤柱的变形影响规律。朱卫兵[71]采用理论分析、数值模拟、物理模拟试验和现场实测方法,分析了上煤层已采单一关键层结构的破断失稳特征与动载矿压发生的条件,研究了上煤层顶板关键层破断块体结构断裂线位置对下煤层关键层结构稳定的影响,解释了工作面出煤柱时易发生动载矿压的原因。

　　综上所述,目前国内外专家学者在近距离煤层开采过程中围岩应力演化规律及巷道变形破坏方面进行了深入的研究,但在近距离采空区下淋水条件巷道围岩裂隙发育规律以及变形破坏规律方面的研究相对较少,尚需开展深入系统地研究。

1.4 近距离煤层淋水巷道支护技术研究现状

1.4.1 淋水巷道支护理论及其发展现状

（1）理论研究

目前国内针对水作用下巷道的维护多采用组合控制技术，许多学者做了大量的研究。

姚强岭等[72]研究了含水砂岩-水相互作用下巷道顶板破坏以及深部位移的特征。以矿井水对巷道顶板稳定性的影响程度为依据，定义了富水巷道的概念，并将富水巷道分为Ⅰ类富水巷道和Ⅱ类富水巷道。针对不同类型的富水巷道顶板采取不同支护方式，实行分顶控制。围岩强度低、水的影响以及支护方式与支护参数选择的不合理是巷道发生失稳的主要原因。要实现对软岩巷道的控制，关键在于防水与加固围岩。采用多种复合支护方式，能够有效控制围岩非线性大变形以及围岩的泥化进程。使用"三高"（高预拉力、高强度、高刚度）锚杆强化控制，巷道开挖后及时喷浆、封闭，加强二次支护的刚度选择以及围岩滞后注浆堵水加固相结合的全过程控制围岩技术，可以使变形速率逐渐衰减，最后稳定，避免围岩的破坏或失稳，取得良好的控制软岩变形的效果[73-77]。严红等[78]综合现场调研、数值模拟、理论分析等方法，指出淋涌水碎裂煤巷破坏的机制为支护结构体的非整体性承载、巷道围岩弱结构部分受水持续弱化失效以及顶板煤岩结构刚度和强度差异导致的离层。在此基础上，提出"四位一体"支护对策，并详细介绍了具体实施措施与作用效果。现场煤巷支护试验表明，"四位一体"支护对策有效控制了淋水破裂煤巷围岩变形。高明仕等[79]根据巷帮富水量以及顶板的完整程度，将巷道围岩条件分为"三区三顶"，并根据不同的围岩条件采取"三区三顶三支护"围岩综合控制思想及技术，该技术在现场得到了成功应用与推广，为不同条件煤层巷道锚杆支护提供了参考。刘孔智等[80]以枣泉煤矿12207工作面富水大断面运输巷为例，采用高强预应力锚杆以及防水让压均压锚索为基础支护设计方案，采用数值模拟对该支护条件下巷道的围岩状况进行预测，预测结果证明：以高强预应力锚杆和防水让压均压锚索为基础的耦合支护设计，能够对富水大断面巷道实现有效控制。

（2）试验研究

李国富等[81]根据软弱围岩注浆强化试验发现泥质类膨胀岩注浆强化，可大幅度地降低孔隙比，减小渗透系数，降低导水率和渗水，为膨胀岩注浆防水提供了科学依据。采用巷道帷幕预注浆强化技术可防止泥质类膨胀软岩巷道掘进中出水点突水，实现了巷道的被动防水向主动防水的转变。对于采用树脂锚杆支护的巷道,水岩相互作用过程中,对围岩锚固结构的影响主要体现在动态水流过程中,围岩锚固用的树脂遇水后其反应物凝结性降低,致使锚杆(索)的黏结力降低,易于引起锚固失效,而且水对巷道围岩中的支护材料如锚杆(索)体等金属构件的锈蚀作用,在一定程度上降低了支护材料本身的力学性能[82-83]。薛亚东等[84]通过室内树脂锚固锚索拉拔试验以及长锚索锚固试验,研究了水对树脂锚索锚固性能的影响,发现水可以降低锚固黏结强度、单轴抗压强度,减少有效锚固长度。研究结果对安全及合理设计树脂锚索的支护参数提供重要依据。韦立德等[85]通过自行研制的有限元程序,研究了渗流场和由于泡水含水量变化引起的岩土体强度参数降低及锚杆支护作用的三维强度折减。汪班桥等[86]通过土层锚杆抗拔模型试验,对水作用下黄土土层锚杆的预应力损失进行分析,得出黄土土层预应力锚杆的应力损失的原因主要是由于各种原因所造成的锚固段土层的蠕变。同时指出,在施工中选择优质材料、提高安装质量,同时注重超张拉和二次张拉,是减少预应力损失、保证巷道稳定的重要手段。勾攀峰、张盛等[87-88]通过现场实测与室内试验研究了钻孔淋水对树脂锚杆锚固力的影响,研究结果表明锚杆的锚固力随着顶板淋水的增加呈现下降趋势,孔壁温度的升高也会使锚杆的锚固力下降。通过沿巷道轴向布置卸水孔,并且集中排放,同时加大锚杆支护的密度可以改善顶板淋水时锚杆支护的效果。薛亚东等[89]通过实验室试验研究得出水对锚杆锚固力具有双重影响作用,水一方面可以使锚固剂反应更加均匀,另一方面也可降低锚固黏结强度。锚杆支护体系中金属网、钢托板以及钢筋梯、钢带等均受到水的侵蚀作用,降低了锚杆支护系统的强度与刚度,而且水对锚杆支护系统金属构件的影响随着时间的增加而增加。杨绿刚[90]通过防水型锚固剂的主要成分分析,在试验测试的基础上优化了树脂类型、速溶剂、促进剂的材料与配比,研究出新型的防水型锚固剂。经过测试对比,该防水型锚固剂的各项性能指标都能达到安全要求,为解决巷道富水情况下的锚网支护问题提供了简单易行的手段。

1.4.2　采空区下近距离巷道支护技术

（1）理论分析

我国《煤矿安全规程》对近距离煤层的定义为:"煤层群层间距离较小,开采时相互有较大影响的煤层"[91]。但是目前以影响程度来确定近距离煤层的判别标准还未统一,该定义比较模糊。因此,在进行近距离煤层的界定时,存在较大的主观性,煤层间距从几米到几十米都可称为近距离煤层。张百胜[92]运用弹塑性力学理论、滑移线场理论,针对长壁工作面开采,结合上部煤层开采顶板垮落特点及应力分布规律推导出上部煤层底板损伤深度,给出了极近距离煤层的定义和判距。

进行近距离煤层开采时,先开采的煤层必然会造成顶底板覆岩结构的变化以及采动应力的重新分布,对后续开采的煤层造成影响,具体表现为围岩强度降低,巷道顶底板以及两帮移近量大,变形速度快,难于维护等[93-96]。李白英等提出"下三带"理论[97-98],该理论将煤层底板自上而下依次划分为采动破坏带、完整岩层带、导升高度带,并总结出底板破坏深度与工作面斜长之间的关系,但是该定义比较模糊,并没有给出"三带"划分的判据。曹胜根等[99]利用岩石力学中的半无限体理论,得出了底板岩层受采煤工作面遗留煤柱影响附加应力的计算公式。王作宇等[100-101]提出了底板移动的原位张裂和零位破坏理论,认为底板岩体由于超前压力的压缩引起其结构状态的质变,处于压缩状态的岩体应力急剧增加,围岩中贮存大量能量,以脆性破坏的形式释放弹性能使岩体能量达到新的平衡,从而引起采场底板岩体的零位破坏。采场支承压力是引起底板产生破坏的基本前提,煤柱体的塑性破坏宽度是控制底板最大破坏深度的基本条件,底板岩体的内摩擦角是影响零位破坏的基本因素,该理论通过塑性滑移线场理论分析了采动底板的最大破坏深度。关英斌等[102]使用数值模拟以及反力分析的方法,针对显德汪煤矿 9 号煤层,得出该煤层回采后的底板最大破坏深度,总结了煤层底板最大破坏深度计算公式。孟祥瑞等[103]依据工作面前方支承压力分布规律,以弹性力学为基础,结合莫尔-库仑准则给出了底板岩体破坏的判据,经过现场采用电阻率及震波实测,验证了该理论分析的研究方法是正确可行的。施龙青等[104]利用"钻孔双端封堵测漏监测仪",通过向煤层底板注水观测水的漏失量来判断底板裂隙的发育程度,以此判断煤层回采后矿山压力对底板的破坏深度。于小鸽等[105]结合大量实际资料分析,归纳出煤层开采深度、煤层倾角、煤层开采厚度等引发底板破坏的主要因素,构建基于 BP 神经网络的底板破坏深度模型,通过现场实测结果证明,该网络模型的计算结果比经验公式计算更接近实际。近距离下部煤层开采时的主要力源包括上部煤层开采后工作面煤柱载荷、重新分布的采动应力、采空区垮落矸石形成的载荷[106]。

(2)试验研究

高建军等[107]采用煤层地质力学测试、现场围岩观测、锚杆支护作用理论分析、数值模拟分析的方法,根据煤层巷道至上部采空区距离的不同,分别提出了以锚杆支护为主的"锚杆+短锚索""全长预应力锚杆"等支护方案。通过现场测试结果表明:该方案能够良好地控制巷道整体收缩率,降低顶板及两帮移近量。王元明等[108]采用工程类比法对北峪煤矿 3-101 综采大断面工作面切眼提出了合理的支护方式。采用 W 钢带与水力膨胀锚杆组合支护技术能够有效控制采空区下方薄层顶板切眼变形。杨智文[109]通过数值模拟的方法对近距离采空区下巷道稳定性进行了研究,研究结果表明近距离煤层群开采时,上层煤柱宽度越大,巷道越靠近采空区,层间距越大,下层巷道顶板受力越小,越容易维护。并指出,采用预应力钢岩锚组合结构进行支护,能够达到主动支护的目的,取得良好的支护效果。张忠温等[110]根据煤层顶板层间距的不同,提出了针对不同煤层间距以及顶板围岩条件采用"锚杆＋锚索""锚杆＋短锚索""全长预应力锚杆"等以锚杆支护为主的巷道支护方案,即可实现巷道安全掘进及工作面回采。任海峰等[111]以陕西某矿为例,在实验室测岩石力学性质与现场观测围岩松动圈的基础上,针对该矿变异大松动圈巷道,综合考虑上赋岩层中存在的坚硬岩层,利用悬吊理论确定锚杆支护参数。林健等[55]在地质力学现场测试和岩石成分分析的基础上,指出锚杆支护系统预应力偏低、护表构件不合理是巷道破坏的主要原因,通过采用高预应力全长锚固锚杆和锚索支护并加大护表构件的面积和强度的方法进行此类巷道的支护,取得了良好的效果。黄仲文[112]通过建立巷道力学模型,以及巷道围岩力学状态分析,得出巷道围岩塑性损伤区和松动破裂区的半径表达式。张纪华基于矿山压力与岩层控制理论,运用 UDEC 数学计算软件分析了巷道的受力环境,并对巷道的支护参数进行了优化设计,提出了非对称性支护方案。郝朝瑜等[113]根据对新安煤矿 3811 工作面回采时巷道锚杆、锚索受力的监测,分析了近距离煤层开采时的矿压显现规律,下部煤层沿顶板开掘巷道时,受上部煤层采动影响的范围距离采煤工作面 40~50 m,上部煤层回采对下部巷道围岩的影响表现为周期来压,步距与回采的周期来压步距基本一致。

综上所述,目前国内外专家学者对淋水巷道支护技术和采空区下近距离巷道支护技术进行了深入的研究,并取得丰富的成果。而在近距离采空区下淋水巷道控制技术方面尚未形成系统的研究成果,因此本书在前人研究的基础上对近距离采空区下淋水巷道围岩破坏机理及控制技术进行深入研究。

1.5 研究内容、技术路线及研究方法

1.5.1 研究内容

本书针对近距离采空区下煤层淋水巷道特点,综合利用室内试验、理论分析、数值模拟、现场试验等方法,对近距离采空区下淋水巷道围岩变形破坏机理及围岩控制技术进行研究。

(1)通过对团柏煤矿 11-101 工作面煤层顶板取岩块,分别进行单轴压缩和巴西劈裂试验,研究含水岩体抗压强度、抗拉强度和裂隙发育规律。在此基础上,利用岩石力学理论,推导出含水裂隙岩体发生劈裂破坏和滑移破坏时的应力极限平衡公式。

(2)通过 FLAC3D 数值模拟,研究工作面开采底板破坏区发育规律;利用

钻孔窥视仪,研究近距离下煤层淋水巷道顶板劣化特征;通过拉拔力学试验,研究水对锚杆锚索锚固段支护效应的影响。

（3）利用 FLAC3D 数值模拟,建立淋水巷道变形破坏模型,研究淋水巷道成巷初期、成巷中期以及采动影响期围岩变形破坏规律。

（4）通过研究锚杆锚索对巷道顶板裂隙岩体、顶板离层的控制机理,提出锚杆锚索联合支护方案,研究锚杆间距、锚杆预紧力以及锚索预紧力等参数对巷道围岩稳定的影响,以霍州煤电团柏煤矿 11-101 工作面顺槽为试验段,进行现场试验。

1.5.2　技术路线

技术路线见图 1.1。

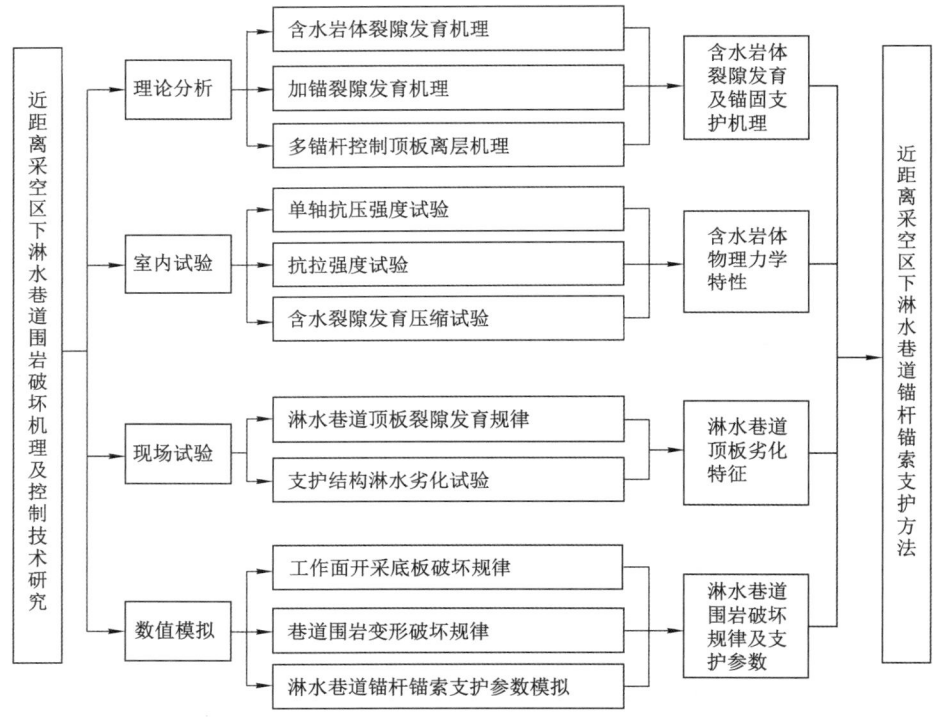

图 1.1　技术路线

1.5.3　研究方法

（1）理论分析

通过理论分析研究渗透作用下岩体破坏时的应力极限平衡状态,求解加锚裂隙岩体发生破坏时的应力极限平衡条件。建立加锚裂隙力学模型,研究锚杆锚索控制裂隙发展机理,推导渗透作用下加锚裂隙岩体滑移和劈裂破坏形式的极限平衡公式。建立单根锚杆支护岩层力学模型,研究单根锚杆(索)控制顶板离层机理,推导顶板不发生离层时单根锚杆提供的拉应力公式。

（2）数值模拟试验

运用 FLAC3D 数值模拟软件,建立近距离煤层开采三维数值模型,研究上煤层开采对底板岩层的影响,揭示淋水巷道围岩变形破坏的时间效应;建立淋水巷道锚杆锚索支护模型,研究支护参数对支护效果的影响。

（3）现场实测

通过对团柏煤矿 11-101 工作面现场实测,得到近距离采空区下锚杆-锚索支护淋水巷道围岩位移、锚杆(索)受力和顶板离层等数据,验证近距离采空区下淋水巷道变形破坏规律以及锚杆(索)支护的研究成果。

2 淋水巷道围岩破坏力学特性分析

岩石是由矿物或岩屑在地质作用下按照一定的规律聚集而形成的复杂介质体,主要分为岩浆岩、沉积岩和变质岩[114]。煤系地层中多以由母岩颗粒(岩浆岩、变质岩和早已形成的沉积岩)和胶结物(钙质、硅质和泥质)相互作用形成的沉积岩为主,在长期地质作用下,沉积岩体各类原生裂隙(如层理、片理、劈理和节理等)较为发育。不同的地质环境对沉积岩内胶结物的物理和化学性质以及岩体裂隙发育产生较大的影响,从而影响岩体的整体强度。尤其岩体内含水时,水对胶结物的软化、泥化、溶解、水化、水解和溶蚀等物理化学作用,降低了岩体内母岩的胶结强度;水对岩体内结构面的润滑作用,促进了岩体内裂隙的发育扩展,从而大大降低了岩体的强度,影响巷道、隧道、地下硐室等工程岩体的稳定性。

为了掌握团柏煤矿地下岩层水对岩体强度和裂隙发育的影响规律,对11-101工作面顶板岩层现场取岩样,通过室内物理力学实验,研究水对岩体物理力学特性以及裂隙发育的影响。在室内实验的基础上,通过理论分析研究含水岩体裂隙发育的力学机理,为淋水巷道支护提供理论依据。

2.1 工程背景

2.1.1 团柏煤矿概况

团柏煤矿位于山西省霍州市城南 5 km 处的汾河西岸,霍西煤田的东南缘,井田南北长 9.5 km,东西宽约 3.8 km,面积 33.837 2 km²,地质储量 3.9 亿 t。团柏煤矿分布有 1#、2#、6#、7#、9#、10# 和 11# 七层煤。煤种为气煤、气肥煤和1/3 焦煤,炼焦配煤以及化工用煤。

矿井始建于 1973 年 12 月,1980 年 12 月正式投产,原年设计生产能力60 万 t,2005 年矿井核定能力为 210 万 t。工作面采用走向长壁采煤法综合机械化一次采全高回采工艺,采用全部垮落法管理顶板。

2.1.2 工作面地质概况

11-101 工作面开采 11# 煤层,位于下组煤(太原组)首采区右翼,西邻堡后村村庄保护煤柱,周围均为实体煤,上部为 10# 煤层采空区,其 11# 煤层上与 10# 煤层采空区的间距平均 5.4 m,两层间岩层为粉砂岩,岩性较为坚硬,遇水不变形膨胀。工作面顶底板地质柱状图如图 2.1 所示。

11-101 工作面煤层埋藏深度 300～357 m,煤层厚 3.1～3.3 m,平均 3.2 m,煤层倾角 2°～6°,平均 4°。11# 煤层瓦斯含量低,煤尘易爆炸,属Ⅱ级自燃煤层。巷道由低向高掘进,但沿巷道掘进方向仍有一定的起伏。在 11# 煤层回采准备前,应按设计要求,对 10# 煤层采区的采空区积水进行疏排,并在 11# 煤层回采巷道掘进过程中,对 10# 煤层采空区局部低洼点的积水进行钻孔疏放,可保证掘进工作安全。

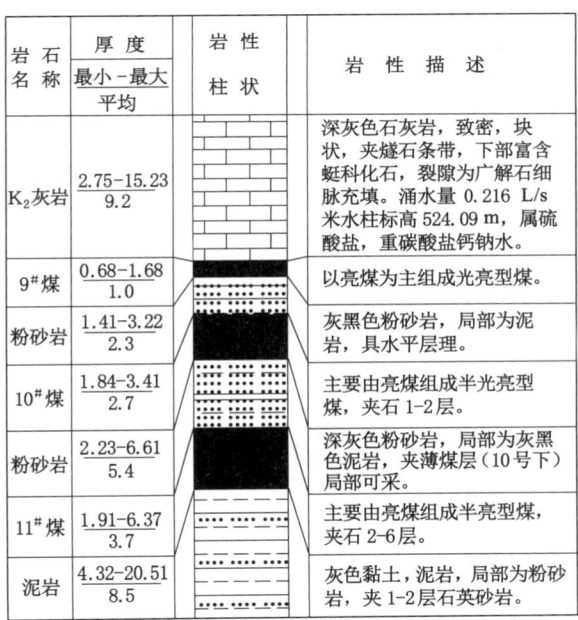

岩 石名 称	厚 度最小 - 最大平均	岩 性柱 状	岩 性 描 述
K₂灰岩	2.75-15.23 / 9.2		深灰色石灰岩,致密,块状,夹燧石条带,下部富含蜓科化石,裂隙为广解石细脉充填。涌水量 0.216 L/s 米水柱标高 524.09 m,属硫酸盐,重碳酸盐钙钠水。
9#煤	0.68-1.68 / 1.0		以亮煤为主组成光亮型煤。
粉砂岩	1.41-3.22 / 2.3		灰黑色粉砂岩,局部为泥岩,具水平层理。
10#煤	1.84-3.41 / 2.7		主要由亮煤组成半光亮型煤,夹石 1-2 层。
粉砂岩	2.23-6.61 / 5.4		深灰色粉砂岩,局部为灰黑色泥岩,夹薄煤层(10号下)局部可采。
11#煤	1.91-6.37 / 3.7		主要由亮煤组成半亮型煤,夹石 2-6 层。
泥岩	4.32-20.51 / 8.5		灰色黏土,泥岩,局部为粉砂岩,夹 1-2 层石英砂岩。

图 2.1 工作面顶底板地质柱状图

2.1.3 矿井水文地质条件

(1)矿井含水层

按含水层含水性质,可分为孔隙水、砂岩裂隙水、岩溶水和采空区水四大类。

① 孔隙水

主要分布于各沟谷和河床底部,以砂砾石为主要含水层,其含水性视分布位置和厚度不同而有很大差异,在汾河则成富水区段,单位涌水量为 $2.0 \sim 388.1$ L/(s·m),而在山区因厚度变薄,含水性明显减弱,一般只能做小型水源供居民饮用。

② 砂岩裂隙水

主要含水层为 K_8、K_9、K_{10}、K_{12} 砂岩,属中等~较弱裂隙含水层,近年来由于大量开采,水位存在逐年下降趋势。

③ 岩溶水

主要含水层为 K_2、K_3、K_4 和 O_2 灰岩,K_2 灰岩平均厚度 8.90 m,位于上部 9# 煤层的顶板,裂隙较发育,为含水中等~丰富的溶隙含水层,是开采下组煤(9#、10#、11#)的主要威胁。

④ 采空区水

11# 煤层部分工作面上方的 10# 煤层已经形成采空区,由于局部地区停采时间较长,采空区内有大量水聚集。

(2) 隔水层

11# 煤层至 O_2 含水层之间的隔水层,是由铝质泥岩、泥岩、石英砂岩等致密岩层组成,厚度 $15.14 \sim 35.89$ m,平均厚度 25.40 m,其间有一层致密坚硬的石英砂岩,裂隙不发育,平均厚 2.88 m,具有良好的隔水性能。通常情况下,垂直方向上 11# 煤层以上含水层与奥灰岩溶水不发生联系。

奥灰地层的第一、二含水层组间的隔水层,由致密状泥灰岩石膏层组成,隔水性能良好,只有在断裂贯通时第一、二含水层组才发生水力联系。

(3) 矿井涌水量

该矿井目前下组煤为承压水开采区,承压 $0.8 \sim 1.2$ MPa/cm²。矿井正常涌水量 $1\,000 \sim 1\,100$ m³/h,下组煤正常涌水量 $650 \sim 700$ m³/h。由于受 10# 煤层采空区水的影响,11-101 工作面最大涌水量达到 $50 \sim 100$ m³/h。

2.2 含水岩体物理力学特性试验研究

自然界中的岩石矿物,一般可分为铝硅酸盐类、碳酸盐类、氧化物等,在常温常压干燥状态下,岩石的物理性质和化学性质比较稳定。但地下岩层水往往是成分比较复杂的液体,一般呈弱碱性。采场围岩体在与水接触发生腐蚀效应时,一般表现为溶解、水解、水化、吸附、氧化还原以及碳酸化等,降低了岩体内矿物强度[115];另外,岩体结构面中的胶结填充物随含水量的变化,发生由固态向塑态直至液态的弱化效应,使得填充物的物理性状发生改变[116]。

煤矿井下巷道开挖后,巷道顶板岩体在上覆软弱岩层和自身重量作用下表现为受拉状态,巷道两帮煤岩体在采动应力作用下表现为受压状态。因此,本节通过煤矿现场采取岩块制作圆柱体和圆盘试件,采用微机控制 RLJW-2000 型岩石伺服压力试验机对无水和含水两类试件进行单轴压缩试验和巴西劈裂试验,对比研究水对岩石单轴抗压强度和抗拉强度的影响。

2.2.1　试验设备及方案

（1）试验设备

试验设备使用山东科技大学"矿山灾害预防控制省部共建国家重点实验室培育基地"的微机控制 RLJW-2000 型岩石伺服压力试验机,该试验机是目前国内最先进的岩石力学试验系统之一,可以进行岩石单轴、三轴等多种类型试验。控制系统采用进口原装德国 DOLI 全数字伺服控制器,控制精度高,保护功能全,可靠性强,是一种非常理想的控制器;控制系统具有良好的人机界面,可以同时显示试验力、位移变形(轴向、径向)、围压、控制方式、加载速率等试验测量参数以及多种试验曲线。RLJW-2000 型岩石伺服压力试验系统如图 2.2 所示。

图 2.2　RLJW-2000 型岩石伺服压力试验系统

（2）试验方案

对在 11-101 工作面顶板粉砂岩采集的岩块进行加工,分别制成 100 mm(高)×50 mm(直径)的圆柱体标准件和 25 mm(高)×50 mm(直径)的圆盘标准件,如图 2.3 所示。其中,圆柱体用于单轴压缩(单轴抗压强度)试验,圆盘用于巴西劈裂(抗拉强度)试验。

试验过程中,对部分试件进行不同时间的泡水,如图 2.4 所示,具体试验方案见表 2.1。

(a)

(b)

图 2.3　标准试件

（a）圆柱体标准件；（b）圆盘标准件

图 2.4　试件泡水

表 2.1　试验方案

试验名称		干燥	泡水天数/d			
			1	2	3	4
单轴抗压强度	编号	Y0#	Y1#	Y2#	Y3#	Y4#
	数量/个	2	2	2	2	2
抗拉强度	编号	L0#	L1#	L2#	L3#	L4#
	数量/个	2	2	2	2	2

2.2.2　单轴抗压强度试验分析

（1）试验过程

首先将各个圆柱体试件进行编号处理,然后根据泡水时间安排将其中 8 块试件泡入水中,见表 2.2。将处理好的圆柱体试件分别放置于压力试验机承压板中心内,调整有球形座的承压板,使试件受力均匀。压力机通过轴压加载装置给试件施加轴向压力,选择位移控制方式,加载速率为 0.6 mm/min,如图 2.5 所示。

表 2.2　单轴抗压试件泡水情况表

泡水天数/d	编号	泡水时间	取件时间	干重/g	泡水后质量/g	含水率/%
4	Y4-1	11 月 21 日 10:10		484.89	488.46	0.736
	Y4-2	11 月 21 日 10:10		482.06	486.67	0.956
3	Y3-1	11 月 22 日 9:42		471.66	474.79	0.664
	Y3-2	11 月 22 日 9:42		462.83	465.48	0.573
2	Y2-1	11 月 23 日 11:47	11 月 25 日 14:00	494.20	496.59	0.484
	Y2-2	11 月 23 日 11:47		477.96	480.07	0.441
1	Y1-1	11 月 24 日 15:15		487.61	489.90	0.470
	Y1-2	11 月 24 日 15:15		501.62	503.68	0.411
0	Y0-1	—		490.67	490.67	0
	Y0-2	—		479.87	479.87	0

（2）试验结果分析

2015 年 11 月 25 日 15:00 开始对各个试件进行单轴抗压强度试验,利用相机对试件破坏状态进行拍照,如图 2.6 所示。对于干燥试件,试件破坏时,裂隙较少,并且单条破裂裂隙并未贯穿整个试件,裂隙宽度较小,且呈直线延展。试

图 2.5　单轴抗压强度试验

件浸泡 1 d 时,试件破坏后,裂隙增多,并且开始贯穿整个试件,裂隙的宽度变大,且呈非线性。试件的顶部出现破碎现象,如图 2.6(b)所示;试件浸泡 2 d 时,试件裂隙贯穿程度增强,如图 2.6(c)所示;试件浸泡 3 d 后,试件破裂裂隙明显增多,并且裂隙发育非线性显著,如图 2.6(d)和(e)所示。这主要是由于岩石为各向异性体,其矿物间的胶结物并非均质黏结,在水的物理化学作用下,强度并非均匀性减弱,因此,在压力机加压作用下,试件内部沿弱化程度较高处发生破裂。

　　通过对岩石伺服压力试验机采集的数据进行整理,可得到各个试件应力-应变曲线,如图 2.7 所示,称之为典型试件应力-应变曲线。

　　由图 2.7(a)～(e)可以看出,各个岩石的应力-应变曲线呈"上凹"形曲线,由此说明,各个试件内存在原生孔隙或微裂隙。试件在进行压力机加压初期,孔隙或微裂隙发生闭合现象。对于干燥试件,随着试验机压力的逐渐增大,孔隙或微裂隙闭合后,应力-应变曲线变为直线。由此说明,干燥试件破坏前较多地表现出了弹性,试件破坏时的极限强度为 46.21 MPa,如图 2.7(a)所示。当试件浸泡 1 d 时,试件"上凹"曲线段增长,主要是由于试验机加压过程中,水对孔隙或微裂隙的闭合有延缓作用;试件破坏时的极限强度为 24.1 MPa,如图 2.7(b)所示。随着试件浸泡时间的增长,水对岩块的弱化作用更加明显,如图 2.7(c)～(e)。含水试件在试验过程中,应力-应变曲线出现多次跳跃发展,这主要是由于

图 2.6 单轴抗压强度试验破坏图

(a) 干燥试件;(b) 浸泡 1 d 试件;(c) 浸泡 2 d 试件;(d) 浸泡 3 d 试件;(e) 浸泡 4 d 试件

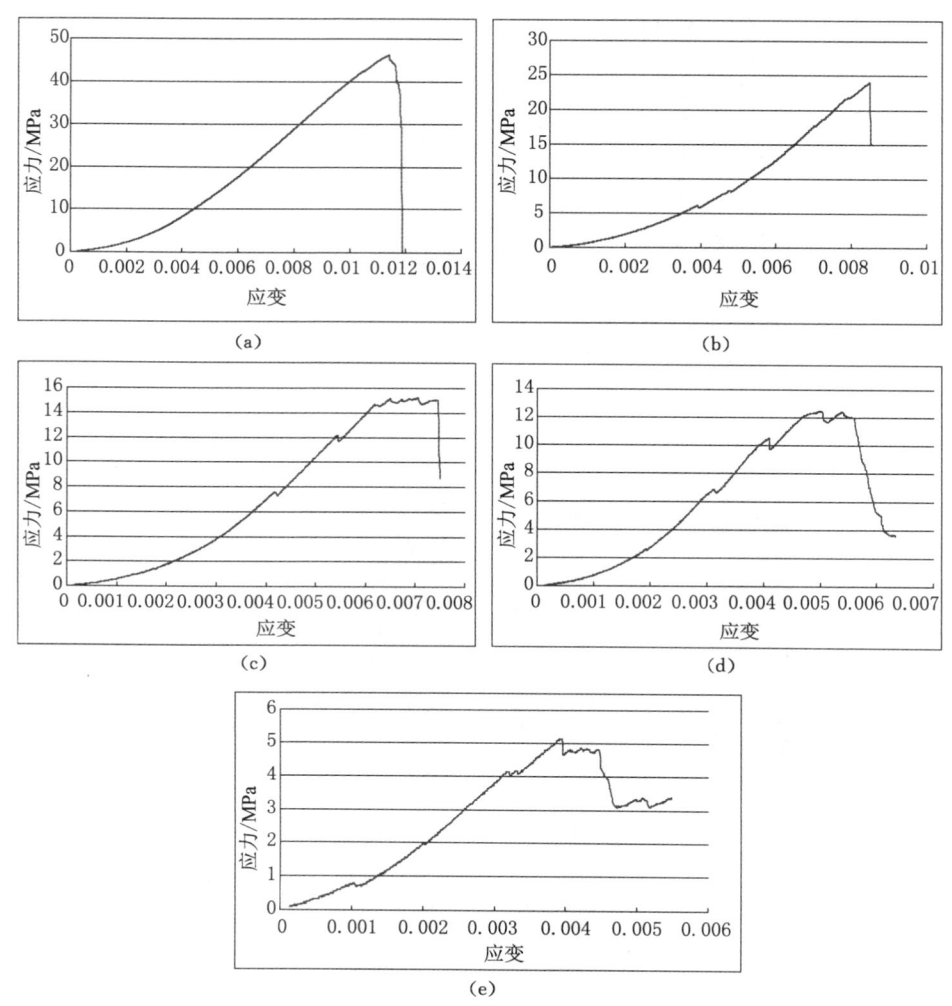

图 2.7　应力-应变曲线

（a）干燥试件；（b）浸泡 1 d 试件；（c）浸泡 2 d 试件；（d）浸泡 3 d 试件；（e）浸泡 4 d 试件

水对岩石内部的矿物及胶结物发生了物理化学作用，使得岩块局部区域出现较为明显的弱化现象，造成试件内部被加载过程出现微裂隙的发育与闭合。根据应力-应变曲线，试件浸泡 2 d 时，试件被破坏时的强度为 15.07 MPa；浸泡 4 d 时，试件的强度降低为 5.14 MPa，强度降低较为显著，见表 2.3。随着浸泡时间的增长，试件受压破坏后的应力-应变曲线并未出现"断崖"式降低现象，而是出现曲折缓慢的下降曲线。由此说明，随着浸泡时间的增加，试件的抗压强度明显减小,水对试件内的矿物和胶结物产生软化现象,压裂裂隙增多,裂隙发育非线性特点增强,从而造成试件被压裂,产生裂隙的多次闭合与张开。试件具有显著的残余抗压强度,应力-应变曲线出现多次波动。

表 2.3 不同试件力学特性参数

泡水天数/d	泡水时间	取件时间	抗压强度/MPa	泊松比	弹性模量/MPa
4	11 月 21 日 10:10		5.14	0.271	2 047.21
3	11 月 22 日 9:42		12.49	0.229	4 674.59
2	11 月 24 日 15:15	11 月 25 日 14:00	15.07	0.315	4 020.45
1	11 月 24 日 15:15		24.1	0.258	4 691.61
0			46.21	0.234	5 508.76

2.2.3 抗拉强度试验分析

(1)试验过程

首先将各个圆盘试件进行编号处理,然后根据泡水时间安排将其中 8 块试件泡入水中,见表 2.4。将处理好的试件及垫块放置在压力试验机上下承压板间,然后调整压力机的横梁,固定试件。在固定过程中,应注意使试件上下垫块刚好处于试验机承压板中心线的垂直面内,以避免产生载荷偏心效应,如图 2.8 所示。压力机通过轴压加载装置给试件施加轴向压力,选择位移控制方式,加载速率为 0.6 mm/min。

表 2.4 单轴抗拉试件泡水情况表

泡水天数/d	编号	泡水时间	取件时间	干重/g	泡水后质量/g	吸水率/%
4	L4-1	11 月 22 日 15:17		124.45	125.35	
	L4-2	11 月 22 日 15:17		128.95	129.89	
3	L3-1	11 月 23 日 11:55		128.47	129.35	
	L3-2	11 月 23 日 11:55		140.14	141.09	
2	L2-1	11 月 24 日 15:15	11 月 26 日 10:00	132.28	133.16	100
	L2-2	11 月 24 日 15:15		127.25	127.91	
1	L1-1	11 月 25 日 12:00		130.41	131.01	
	L1-2	11 月 25 日 12:00		129.94	130.60	
0	L0-1	11 月 26 日 10:00		137.35	137.35	
	L0-2	11 月 26 日 10:00		116.94	116.94	

图 2.8　抗拉强度试验

（2）试验结果分析

2015 年 11 月 26 日 11：00 开始对各个圆盘试件进行抗拉强度（巴西劈裂）试验,利用相机对各个试件典型破坏状态进行拍照,如图 2.9 所示。由图 2.9（a）～（e）可以看出,试件干燥时,进行抗拉强度试验后,试件仅出现一条裂隙。随着浸泡天数的增多,试件劈裂时,裂隙数量逐渐增多,并且裂隙的宽度显著增大。由此可以看出,随着浸泡时间的增长,水对岩石的弱化程度明显增加,同样,试件裂隙出现非线性发育迹线,该规律与抗压强度试验结果相一致。

通过对岩石伺服压力试验机采集的数据进行整理,可得到各个试件负荷-位移曲线,如图 2.10 所示,称之为典型试件负荷-位移曲线。

由图 2.10 可以看出,各个试件内部均存在原生孔隙或微裂隙,随着施加载荷的增加,裂隙逐渐闭合,由此造成负荷-位移曲线变化初期出现"上凹"现象。对于干燥试件,孔隙或微裂隙闭合后,随着施加载荷的增大,位移量呈线性增加。当试件变形位移量为 0.44 mm 时,试件加载负荷出现明显的降低,但随后变形位移与负荷又呈正比例增大关系,最后载荷出现"断崖式"下降,如图 2.10（a）所示。由此说明,随着试验机加载负荷的增大,试件内部出现微裂隙,然后随着负荷继续增大,微裂隙闭合,直至发生整体性破坏,干燥试件的抗拉强度为 3.89 MPa,见表 2.5。当试件浸泡 1 d 时,负荷-位移曲线"上凹"程度增大。当试件变形位移达到 0.46 mm 时,试验机加载负荷出现明显的突降现象,由此说明试件内部出现相对较大的微裂隙,如图 2.10（b）所示。随着试验机加载负荷的增大,

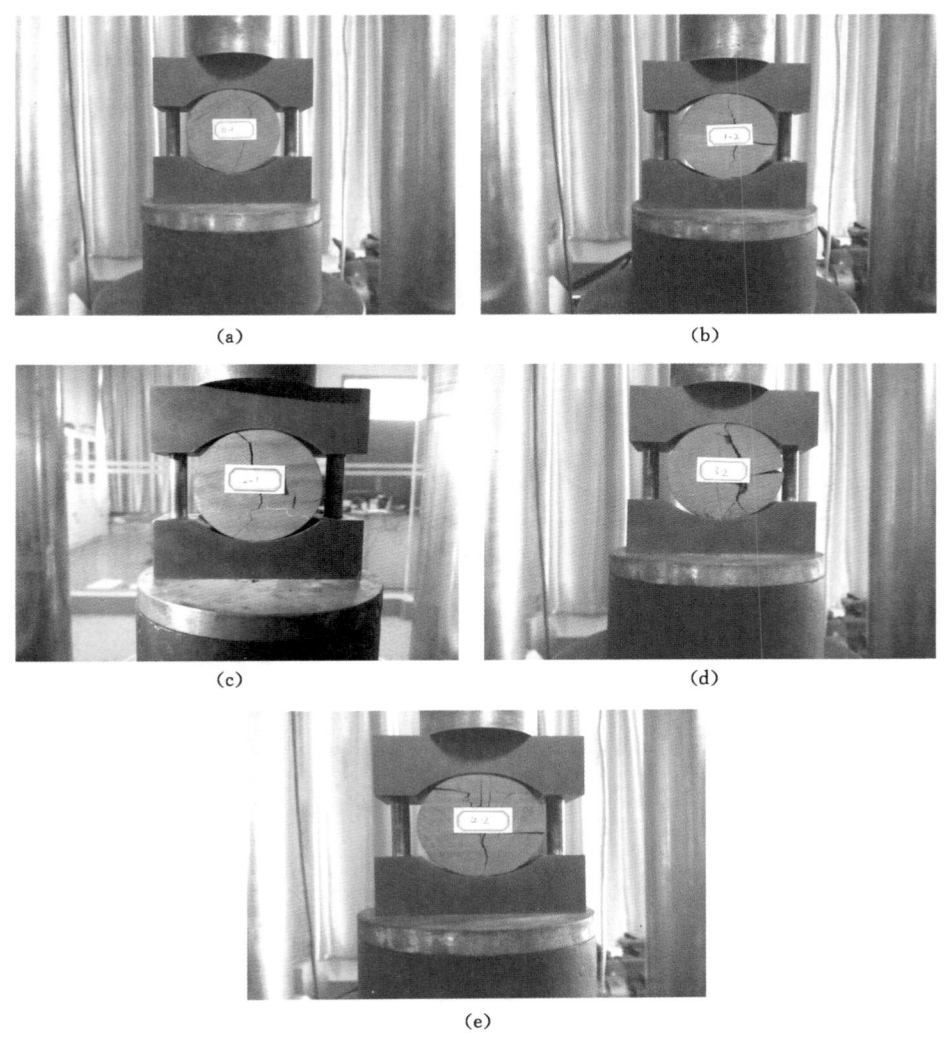

图 2.9　抗拉强度试验破坏图
(a) 干燥试件;(b) 浸泡 1 d 试件;(c) 浸泡 2 d 试件;(d) 浸泡 3 d 试件;(e) 浸泡 4 d 试件

试件变形位移曲线同样呈线性增长,直至试件发生整体性破坏,浸泡 1 d 试件的抗拉强度为 3.39 MPa。随着试件浸泡时间的增加,负荷-位移曲线出现突降时的负荷越来越小,负荷突降程度逐渐增大,由此说明,随着试件含水量的增加,水对岩石的物理化学作用程度逐渐增强,试件的弱化程度逐渐增大,如图 2.10(c) ～(e)所示。随着试件含水量的增加,其抗拉强度也不断减小,浸泡 2 d 时,抗拉强度为 2.16 MPa;浸泡 3 d 时,抗拉强度为 2.04 MPa;浸泡 4 d 时,抗拉强度降低为 1.41 MPa,见表 2.5。由此也证明了随着试件浸水时间的增加,水对岩石的弱化程度越来越严重。

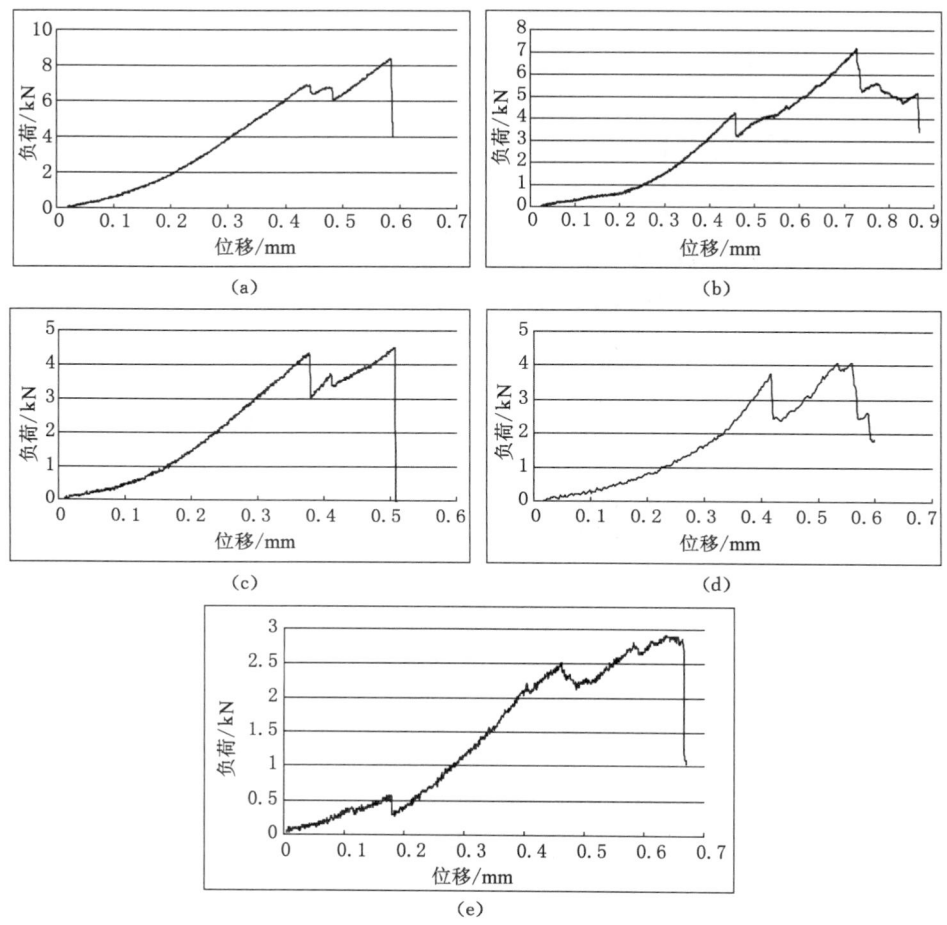

图 2.10　负荷-位移曲线

(a) 干燥试件;(b) 浸泡 1 d 试件;(c) 浸泡 2 d 试件;

(d) 浸泡 3 d 试件;(e) 浸泡 4 d 试件

表 2.5　试件抗拉强度

试件	干燥试件	浸泡 1 d 试件	浸泡 2 d 试件	浸泡 3 d 试件	浸泡 4 d 试件
抗拉强度/MPa	3.89	3.39	2.16	2.04	1.41

2.3 含水岩体裂隙发育规律试验研究

由含水试件单轴抗压强度和抗拉强度试验分析可知,随着试件浸泡时间的增加,水对岩石弱化效果愈加显著。对于井下岩体来说,在地质活动以及采掘扰动作用下,其内部裂隙发育。当巷道围岩周围赋存含水层时,巷道围岩长时间处于浸水状态,水对岩体矿物产生物理化学作用的同时还将对裂隙发育产生影响。本节通过对采集的岩块进行预裂隙处理,然后将预裂隙处理试件浸水后,通过单轴压缩试验,研究水对裂隙发育的影响。

2.3.1 试验方案

首先将采集的岩块进行矩形体切割处理,然后利用小直径(直径为 2 mm)电钻对矩形体试件进行贯穿性钻缝,裂隙长度 3 cm,裂隙端部距试件两侧各 1 cm,裂隙与水平面夹角分别为 0°、30°、45°、60° 和 90°,每个角度的试件制作 4 个,如图 2.11 所示。然后将试件分组编号,每个角度试件,两个进行干燥压缩,两个进行泡水压缩。

图 2.11 部分预制裂隙试件

2.3.2 试验结果分析

将部分预制裂隙的试件泡水 6 d 后,把表面水处理干净,与干燥试件一起进行单轴压缩试验,研究不同角度预裂隙在受压条件下的裂隙发育规律,其破坏形式如图 2.12 所示,试件破坏时的极限强度如图 2.13 所示。

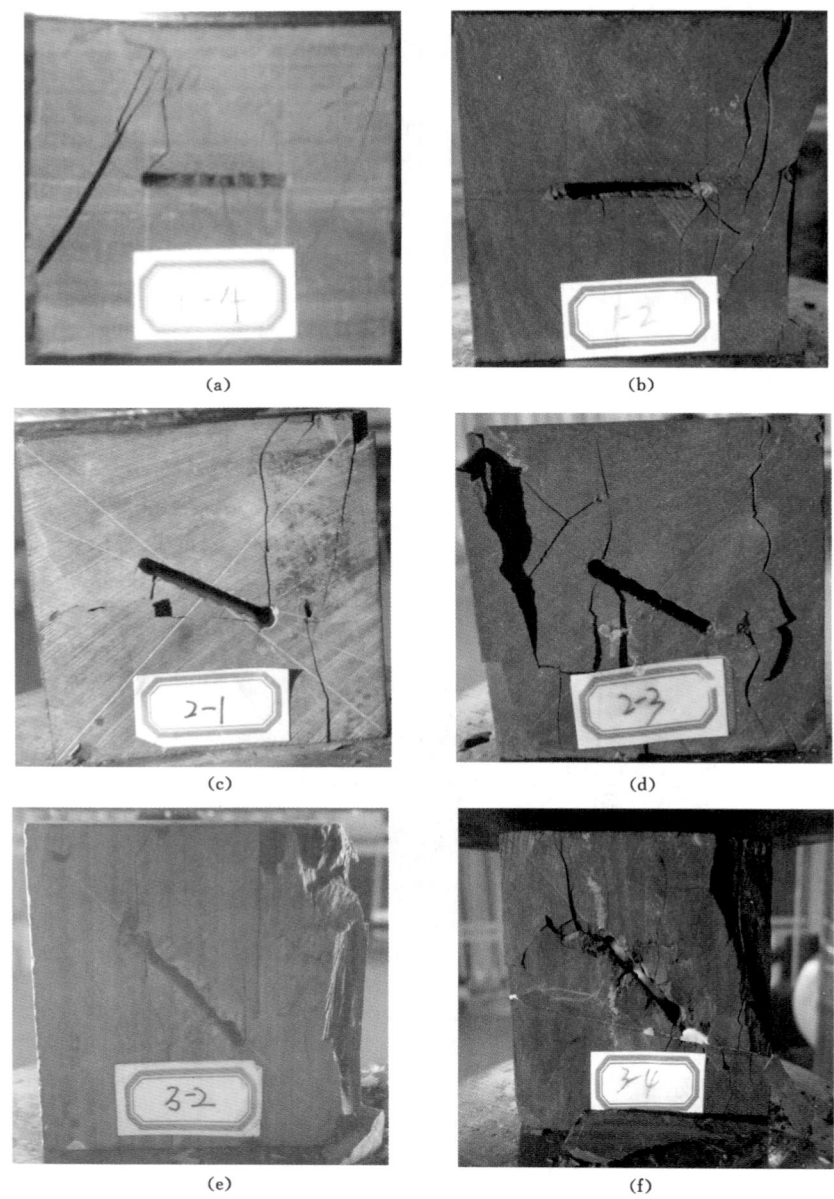

图 2.12　不同预制裂隙角度试件裂隙扩展情况

(a) 0°干燥试件；(b) 0°泡水试件；(c) 30°干燥试件；(d) 30°泡水试件；(e) 45°干燥试件；
(f) 45°泡水试件；(g) 60°干燥试件；(h) 60°泡水试件；(i) 90°干燥试件；(j) 90°泡水试件

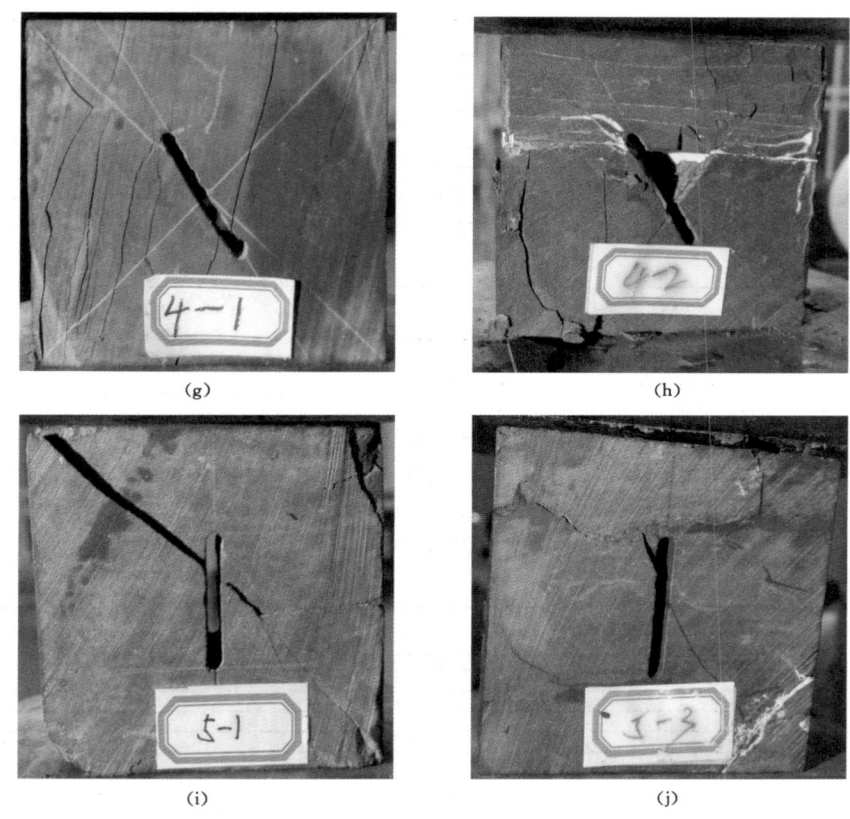

(g)　　　　　　　　　　(h)

(i)　　　　　　　　　　(j)

图 2.12（续）

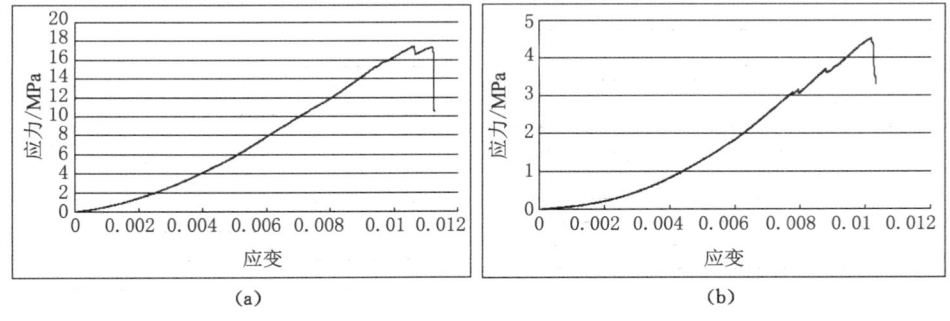

（a）　　　　　　　　　　（b）

图 2.13　不同预制裂隙角度试件应力-应变曲线

（a）0°裂隙干燥试件；（b）0°裂隙饱水试件；（c）30°裂隙干燥试件；（d）30°裂隙饱水试件；
（e）45°裂隙干燥试件；（f）45°裂隙饱水试件；（g）60°裂隙干燥试件；（h）60°裂隙饱水试件；
（i）90°裂隙干燥试件；（j）90°裂隙饱水试件

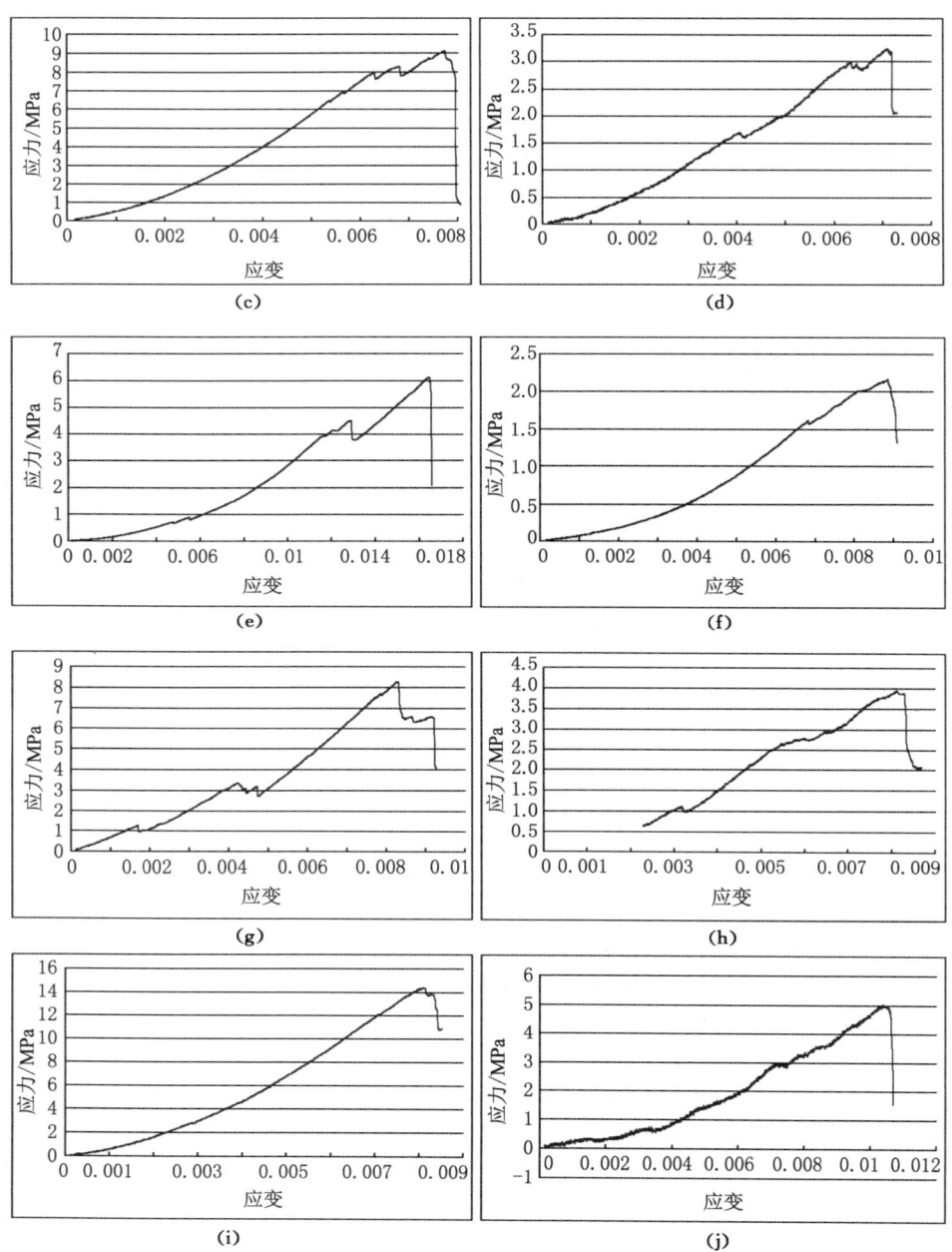

图 2.13(续)

（1）预裂隙角度0°

预制裂隙角度为0°的试件在干燥与泡水两种条件下,单轴压缩过程中裂隙扩展及破坏形式如图2.12(a)和(b)所示。

由图2.12(a)可知,试件为干燥岩块时,经过压力单轴压缩后,在预裂隙的左端部上方产生一条显著的翼裂隙,翼裂隙与预裂隙夹角为90°。翼裂隙迹线长度较长,贯穿到岩块的边缘。当试件泡水6 d后,经过单轴压缩,在预裂隙右端部发育三条翼裂隙,并且翼裂隙长度较短,未形成贯穿性裂隙。试件右侧部分发生整体性破裂,整个岩块表现出明显的弱化特征,如图2.12(b)所示。在图2.13(a)和(b)中,干燥状态试件破坏时的极限强度为17.44 MPa,饱水试件破坏时的极限强度为4.52 MPa,即经过泡水后的岩块强度明显降低,岩块压缩裂隙发育,更易于破坏。

（2）预裂隙角度30°

预制裂隙角度为30°的试件在干燥与泡水两种条件下,单轴压缩过程中裂隙扩展及破坏形式如图2.12(c)和(d)所示。

由图2.12(c)可知,当试件为干燥岩块时,经过压缩后,在预裂隙右端上方产生一条翼裂隙,翼裂隙贯穿岩块上半部,与预裂隙夹角为60°。整个试件发育三条较长的裂隙,裂隙迹线呈直线扩展。当试件泡水6 d后,在预裂隙左端部上下两侧发育三条翼裂隙,翼裂隙贯穿整个岩块,并且在翼裂隙扩展过程中产生次生裂隙,如图2.12(d)所示。整个试件多条裂隙发育,并且各个裂隙的迹线呈曲线分布。在图2.13(c)和(d)中,干燥状态试件破坏时的极限强度为9.21 MPa,饱水试件破坏时的极限强度为3.23 MPa。经过泡水后,水对岩块内结构面间的胶结体产生物理化学作用,导致整个岩块强度降低,且相对于0°预裂隙试件强度有所减小,裂隙更加发育。

（3）预裂隙角度45°

预制裂隙角度为45°的试件在干燥与泡水两种条件下,单轴压缩过程中裂隙扩展及岩块破坏形式如图2.12(e)和(f)所示。

由图2.12(e)可知,当试件为干燥岩块时,经过压缩机单轴压缩后,在预裂隙的两端部产生三条贯穿性的翼裂隙,左端部上下两侧均产生一条翼裂隙,右端部上方产生一条翼裂隙。翼裂隙近似直线发育,裂隙末端未见次生裂隙发育。当试件泡水6 d后,经过单轴压缩试验,在裂隙两端部产生多条翼裂隙,裂隙迹线弯曲发育,并且预裂隙中部也产生一条翼裂隙,如图2.12(f)所示。在图2.13(e)和(f)中,干燥状态试件破坏时的极限强度为6.14 MPa,饱水试件破坏时的极限强度为2.16 MPa,抗压强度小于0°和30°预制裂隙试件的抗压强度。

（4）预裂隙角度60°

预制裂隙角度为 60°的试件在干燥与泡水两种条件下,单轴压缩过程中裂隙扩展及破坏形式如图 2.12(g)和(h)所示。

由图 2.12(g)可知,当预裂隙角度为 60°时,经过单轴压缩后,试件预裂隙两端出现四条贯穿性翼裂隙,翼裂隙呈直线发育扩展。整个试件裂隙发育,并且多数呈直线发育扩展。当试件泡水 6 d 后,经过单轴压缩试验,预裂隙周围破碎较为严重,如图 2.12(h)所示。整个岩块裂隙较为发育,并且所有裂隙均呈曲线发育扩展。在图 2.13(g)和(h)中,干燥状态试件破坏时的极限强度为 8.3 MPa,饱水试件破坏时的极限强度为 3.92 MPa。此时,岩块的抗压强度大于 45°的预裂隙试件强度。

(5) 预裂隙角度 90°

预制裂隙角度为 90°的试件在干燥与泡水两种条件下,单轴压缩过程中裂隙扩展及破坏形式如图 2.12(i)和(j)所示。

由图 2.12(i)可知,当试件为干燥岩块时,经过单轴压缩试验,在岩块上仅形成一条较为显著的贯穿性破裂裂隙,预裂隙两端部未见裂隙产生。当试件泡水 6 d 后,在裂隙上端部产生一条贯穿性翼裂隙,裂隙与预裂隙近似垂直,且呈曲线发育扩展,如图 2.12(j)所示。在图 2.13(i)和(j)中,干燥状态试件破坏时的极限强度为 14.4 MPa,饱水试件破坏时的极限强度为 4.98 MPa。

不同角度预制裂隙试件的抗压强度,如表 2.6 所示。

表 2.6　不同角度预制裂隙试件抗压强度

抗压强度	试件				
	0°预裂隙	30°预裂隙	45°预裂隙	60°预裂隙	90°预裂隙
饱水抗压强度/MPa	4.52	3.23	2.16	3.92	4.98
干燥抗压强度/MPa	17.44	9.21	6.14	8.3	14.4

综合上述分析可知,与干燥试件相比,试件经过 6 d 泡水后,经过单轴压缩试验,岩块预裂隙两端均有明显的贯穿性翼裂隙产生,并且翼裂隙呈曲线发育扩展,末端次生裂隙发育,整个岩块裂隙较为发育。随着岩块预裂隙倾角的增大,翼裂隙数目逐渐增多,试件的抗压强度减小;预裂隙倾角为 45°时,翼裂隙发育条数最多,试件抗压强度最小,翼裂隙周围破坏最为严重。随着预裂隙倾角的继续增大,翼裂隙条数又逐渐减小,试件的抗压强度又逐渐增强。

2.4 含水岩体裂隙发育力学机理

2.4.1 水对岩体裂隙裂纹扩展的力学作用

根据岩石力学理论,假设一岩体受外力作用,如图 2.14 所示,σ_1、σ_3 分别为主应力单元体的最大与最小主应力,岩体中发育一组裂隙,裂隙面法线方向与最大主应力夹角成 α 角。由莫尔应力圆理论可知,作用在裂隙面上的法向应力 σ^w 和切向应力 τ^w 分别为:

$$\sigma^w = \frac{1}{2}(\sigma_1 + \sigma_3) + \frac{1}{2}(\sigma_1 - \sigma_3)\cos 2\alpha \tag{2.1}$$

$$\tau^w = \frac{1}{2}(\sigma_1 - \sigma_3)\sin 2\alpha \tag{2.2}$$

假设岩体本身不透水,当裂隙存在渗透压力 p 时(其中 $p = \gamma h$,γ 为水的容重,h 为水头),则作用在岩体上的分布力包括裂隙面内的外层传递的有效应力 σ'_{ij} 和渗透压力 p,计算岩体变形时用总应力,计算裂隙变形时采用有效应力。所以

$$\sigma'_{ij} = \sigma_{ij} - p\delta_{ij} \tag{2.3}$$

其中 δ_{ij} 为克罗内克符号,当 $i = j$ 时,$\delta_{ij} = 1$,当 $i \neq j$ 时,$\delta_{ij} = 0$。

将式(2.1)和式(2.2)代入式(2.3)可得含渗透水压力的裂隙面上的应力:

$$\sigma' = \frac{1}{2}(\sigma_1 + \sigma_3) + \frac{1}{2}(\sigma_1 - \sigma_3)\cos 2\alpha - p \tag{2.4}$$

$$\tau' = \frac{1}{2}(\sigma_1 - \sigma_3)\sin 2\alpha \tag{2.5}$$

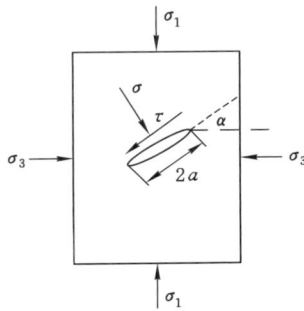

图 2.14 裂隙岩体裂纹扩展破坏图[22]

建立裂隙岩体裂纹扩展力学模型,如图 2.14 所示。根据断裂力学理论,其

裂纹尖端的应力强度因子为：

$$K_{\text{I}} = -\sigma' \sqrt{\pi a}, K_{\text{II}} = \tau \sqrt{\pi a} \tag{2.6}$$

在实际的抗压试验中，岩石试样内的裂纹都存在由张开到闭合直至扩展破坏的过程。因此，研究抗压试验中裂纹对强度的影响必须从闭合裂纹着手。由前面分析可知，在压缩状态下闭合裂纹既受到垂直于裂纹面的压应力作用，又受平行于裂纹面的剪应力的作用。因此，裂隙表面会存在与剪应力方向相反的摩擦阻力作用，其大小为：

$$F = c + \sigma' \tan \varphi \tag{2.7}$$

式中　c——裂隙面的黏结力，MPa；

　　　φ——裂隙面的内摩擦角，(°)。

所以平行于裂隙面所受合力为：

$$\tau = \tau' - F = \tau' - c - \sigma' \tan \varphi \tag{2.8}$$

将式(2.4)、式(2.5)和式(2.8)代入式(2.6)可得：

$$K_{\text{II}} = \tau \sqrt{\pi a} = \left\{ \frac{1}{2} (\sigma_1 - \sigma_3) \sin 2\alpha - c - \tan \varphi \left[\frac{1}{2} (\sigma_1 + \sigma_3) + \right. \right.$$
$$\left. \left. \frac{1}{2} (\sigma_1 - \sigma_3) \cos 2\alpha - p \right] \right\} \sqrt{\pi a} \tag{2.9}$$

即：

$$K_{\text{II}} = \frac{\sigma_1}{2} (\sin 2\alpha - \tan \varphi + \tan \varphi \cos 2\alpha) \sqrt{\pi a} -$$
$$\frac{\sigma_3}{2} (\sin 2\alpha + \tan \varphi + \tan \varphi \cos 2\alpha) \sqrt{\pi a} - c \sqrt{\pi a} + p \sqrt{\pi a} \tag{2.10}$$

$$K_{\text{I}} = -\sigma' \sqrt{\pi a} = - \left[\frac{1}{2} (\sigma_1 + \sigma_3) + \frac{1}{2} (\sigma_1 - \sigma_3) \cos 2\alpha - p \right] \sqrt{\pi a} \tag{2.11}$$

对受压条件下的剪切断裂，采用如下简单判据：

$$\beta K_{\text{I}} + K_{\text{II}} = K_{\text{II} c} \tag{2.12}$$

式中　β——压剪系数；

　　　$K_{\text{II} c}$——压缩状态下剪切断裂韧度，数值可由标准试验测定。

将式(2.10)和式(2.11)代入式(2.12)，整理可得裂纹发生扩展的极限平衡状态[22]：

$$\sigma_1 = \frac{\sin 2\alpha + \tan \varphi \cos 2\alpha + \tan \varphi + \beta(1 + \cos 2\alpha)}{\sin 2\alpha + \tan \varphi \cos 2\alpha - \tan \varphi - \beta(1 - \cos 2\alpha)} \sigma_3 +$$
$$\frac{2(\beta - \tan \varphi)}{\sin 2\alpha + \tan \varphi \cos 2\alpha - \tan \varphi - \beta(1 - \cos 2\alpha)} p +$$

$$\frac{2K_{\mathrm{II}c}/\sqrt{\pi a}+2c}{\sin 2\alpha+\tan\varphi\cos 2\alpha-\tan\varphi-\beta(1-\cos 2\alpha)} \tag{2.13}$$

2.4.2　水对岩体裂隙的滑移和劈裂作用

假设一岩体受外力作用如图 2.15 所示,假设岩体裂隙面符合莫尔-库仑准则:

$$\tau'=c+\sigma'\tan\varphi \tag{2.14}$$

式中　c——裂隙面的黏结力,MPa;

　　　φ——裂隙面的内摩擦角,(°)。

将式(2.4)、式(2.5)代入式(2.14),整理可得沿含水裂隙面 AB 产生剪切滑移破坏的条件:

$$\sigma_1=\sigma_3+\frac{2(c+\sigma_3\tan\varphi-p\tan\varphi)}{\sin 2\alpha-\cos 2\alpha\tan\varphi-\tan\varphi} \tag{2.15}$$

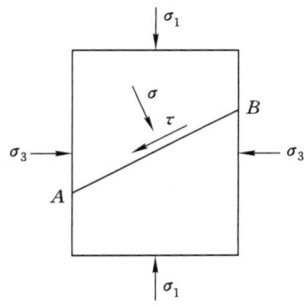

图 2.15　裂隙岩体受力图

另外,当裂隙面 AB 存在沿着 AB 方向的流动水时,此时流动水除了对岩体裂隙壁面施加一垂直裂隙面的渗透压力 p,还有一个平行于裂隙壁面的动水压力 τ_{d}[117],即

$$\tau_{\mathrm{d}}=\frac{b\gamma}{2}J \tag{2.16}$$

式中　b——裂隙的宽度,m;

　　　γ——水的容重,N/m³;

　　　J——流动水的水力坡度。

此时裂隙面 AB 的剪切应力变为 $\tau'=\dfrac{1}{2}(\sigma_1-\sigma_3)\sin 2\alpha+\dfrac{b\gamma}{2}J$,根据前面公式可以得出:

$$\sigma_1=\sigma_3+\frac{2(c+\sigma_3\tan\varphi-p\tan\varphi)-b\gamma J}{\sin 2\alpha-\cos 2\alpha\tan\varphi-\tan\varphi} \tag{2.17}$$

至此,得出当作用在含水裂隙岩体上的主应力满足式(2.15)时,或作用在含流动水裂隙岩体上的主应力满足式(2.17)时,裂隙岩体上的应力处于极限平衡状态。

值得注意的是:当 $\sigma' = \dfrac{1}{2}(\sigma_1+\sigma_3)+\dfrac{1}{2}(\sigma_1-\sigma_3)\cos 2\alpha - p = 0$ 时,即作用在裂隙面 AB 上的渗透压力等于最大主应力 σ_1 和 σ_3 作用在岩体上的法向应力时,岩体将沿着裂隙面 AB 发生劈裂现象,应力处于极限平衡状态,公式也可变为 $\sigma_1 = \dfrac{2p-\sigma_3(1-\cos \alpha)}{1+\cos \alpha}$,如图 2.16 所示。

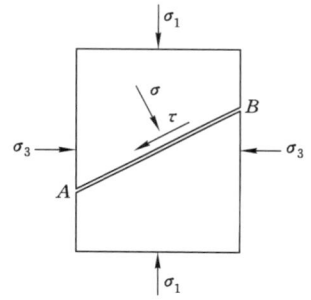

图 2.16　裂隙岩体劈裂图

任取 σ_3 为 2 MPa,裂隙结构面黏结力 c 为 0.5 MPa,内摩擦角为 22°,分别计算渗透水压力 p 为 0.1 MPa、0.3 MPa、0.5 MPa、0.7 MPa 时最大主应力 σ_1 随夹角 α 变化时的曲线,计算曲线如图 2.17 所示。

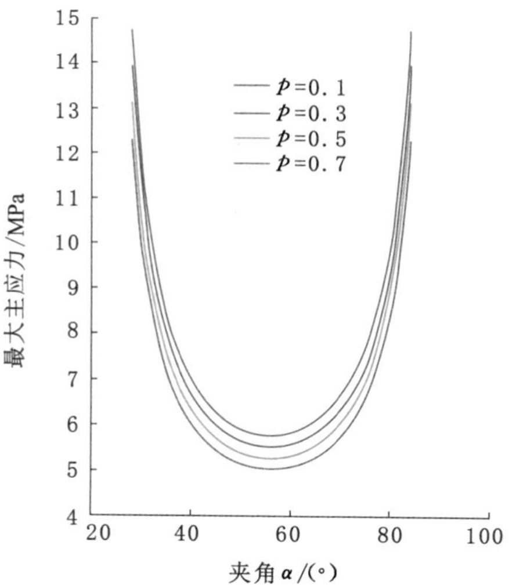

图 2.17　不同渗透水压力对最大主应力曲线的影响

表 2.7 为 α 为 56°时不同渗透水压力下的 σ_1 最小值。从图 2.17 和表 2.7 中可以看出,不同渗透水压力对岩体强度影响明显,但并未改变曲线形状,曲线仍为抛物线形式。岩体强度受最大主应力与裂隙的夹角 α 控制,当 α 为 56°时,此时岩体强度最低,当渗透水压力为 0.1 MPa 时,最大主应力在 α 为 56°时为

5.75 MPa,当渗透水压力为 0.3 MPa 时,最大主应力在 α 为 56°时为 5.52 MPa,当渗透水压力为 0.5 MPa 时,最大主应力在 α 为 56°时为 5.28 MPa,当渗透水压力为 0.7 MPa 时,最大主应力在 α 为 56°时为 5.04 MPa。

表 2.7　α 为 56°时不同渗透水压力下 σ_1 最小值

渗透水压力/MPa	σ_1 最小值/MPa
0.1	5.75
0.3	5.52
0.5	5.28
0.7	5.04

综上所述,根据水对岩体裂隙的滑移和劈裂极限平衡公式,当岩体裂隙中含有渗透水压时,随着水压 p 的增大,岩体发生剪切滑移和劈裂所需的外力越小,裂隙岩体越易发生滑移与劈裂失稳破坏。

2.5　本章小结

本章通过对团柏煤矿 11-101 工作面顶板岩层现场采取岩样,进行室内物理力学试验,研究水对岩体的物理力学特性以及含水岩体裂隙发育规律,并在室内试验的基础上,通过理论分析研究含水岩体裂隙发育的力学机理,得到如下成果:

① 与干燥试件相比,随着浸泡时间的增加,试件的抗压强度明显减小,水对试件内的矿物和胶结物产生软化现象,压裂裂隙增多,裂隙发育非线性特点增强,从而造成试件被压裂,产生裂隙的多次闭合与张开。试件具有显著的残余抗压强度,应力-应变曲线出现多次波动。

② 随着试件含水量的增加,水对岩石的物理化学作用程度逐渐增强,试件的弱化程度逐渐增大,抗拉强度不断减小。

③ 含水受压后预裂隙两端均有明显的贯穿性翼裂隙产生,并且翼裂隙呈曲线发育扩展,末端次生裂隙发育,整个岩块裂隙较为发育。随着岩块预裂隙倾角的增大,翼裂隙数目逐渐增多,预裂隙倾角为45°时,翼裂隙发育条数最多,翼裂隙周围破坏最为严重。随着预裂隙倾角的继续增大,翼裂隙条数又逐渐减小。

④ 根据岩石力学理论,推导出含水裂隙岩体发生劈裂破坏和滑移破坏时的应力极限平衡公式,当岩体裂隙中含有渗透水压时,随着水压 p 的增大,岩体发生剪切滑移和劈裂所需的外力越小,裂隙岩体越易发生滑移与劈裂失稳破坏。

3 近距离采空区下淋水巷道顶板劣化特征

节理裂隙等弱结构面广泛存在于岩体内部,裂隙岩体存在于各类地下工程中,裂隙的存在大大改变了岩体的力学性质,降低了岩体的变形模量及力学参数,使岩体表现出明显的各向异性。对于近距离采空区下淋水巷道来说,当上部煤层开采时,工作面周围采动应力在底板内向深部传递,造成上煤层底板岩层发生塑性破坏,岩层内裂隙充分发育。当上部煤层采空区存在积水时,水进入岩体裂隙内,结构面的内聚力和摩擦角减小,裂隙岩体的力学性能减弱,导致裂隙发生扩展,从而使岩体更容易发生滑移、劈裂等破坏。另外,积水与岩体内的矿物质和胶结物发生物理化学作用,降低了岩体的强度。当下煤层开采时,巷道顶板岩层易发生破坏失稳。本书通过理论分析研究上煤层开采过程中底板塑性破坏深度;利用 FLAC3D 建立三维数值模型,研究上煤层工作面开采时底板破坏区发育规律;采用钻孔窥视仪对团柏煤矿下煤层巷道顶板进行钻孔成像分析,研究近距离采空区下淋水巷道围岩劣化特征;通过拉拔力学试验,研究水对巷道锚杆锚索锚固段支护效果的影响。

3.1 工作面底板破坏理论分析

3.1.1 近距离煤层底板应力分布规律

（1）煤柱应力传播

煤层开采后,采场原应力平衡系统被打破,围岩应力重新分布,在采场周围煤岩体内产生明显的应力集中现象。把煤岩体简化为均匀弹性介质,采用理论解析的方法研究煤柱载荷作用下底板岩层非均匀应力场分布规律,探讨煤柱载荷在底板岩层的传播规律,对了解下部邻近煤（岩）层的受力状况和应变类型,进而预知下部煤（岩）层采矿活动时的矿压显现及相关参数选择有指导意义[118-119]。

按弹性理论,视煤（岩）体为均质的弹性体,如图 3.1 所示。载荷集度 q 在半无限体平面内任一点 (θ, r) 的应力可用极坐标表达为[120]：

$$\sigma_y = \frac{2q\cos^3\theta}{\pi r}; \ \sigma_x = \frac{2q\sin^2\theta\cos\theta}{\pi r}; \ \tau_{xy} = \frac{2q\sin\theta\cos^2\theta}{\pi r} \qquad (3.1)$$

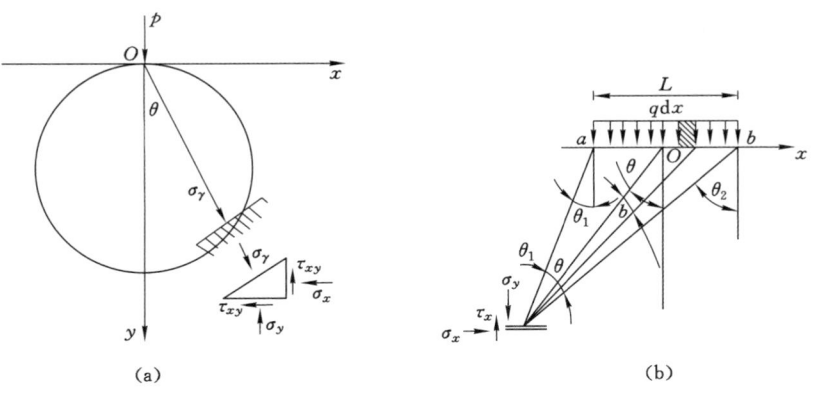

图 3.1　底板岩体应力分布模型

（a）集中载荷对底板岩体的影响；（b）均布载荷对底板岩体的影响

直角坐标表达式为：

$$\sigma_y = \frac{2q}{\pi}\frac{y^3}{(x^2+y^2)^2}; \ \sigma_x = \frac{2q}{\pi}\frac{yx^2}{(x^2+y^2)^2}; \ \tau_{xy} = \frac{2q}{\pi}\frac{xy^2}{(x^2+y^2)^2} \qquad (3.2)$$

把煤柱载荷视为均布载荷，以上结果可通过叠加原理推广到自由边界均布载荷作用下的底板岩体应力解析表达[120-121]。

其极坐标表达式：

$$\sigma_y = \frac{q}{\pi}(\sin\theta_2\cos\theta_2 - \sin\theta_1\cos\theta + \theta_2 - \theta_1)$$
$$\sigma_x = \frac{q}{\pi}\left[(-\sin(\theta_2-\theta_1)\cos(\theta_2-\theta_1)+\theta_2-\theta_1)\right] \Bigg\} \qquad (3.3)$$
$$\tau_{xy} = \frac{q}{\pi}(\sin^2\theta_2 - \sin^2\theta_1)$$

同样地，其直角坐标表达式为[122]：

$$\sigma_y = \frac{q}{\pi}\left[\text{arctg}\frac{x+L/2}{y} - \text{arctg}\frac{x-L/2}{y} + \frac{y(x+L/2)}{y^2+(x+L/2)^2} - \frac{y(x-L/2)}{y^2+(x-L/2)^2}\right]$$
$$\sigma_x = \frac{q}{\pi}\left[\text{arctg}\frac{y+L/2}{x} - \text{arctg}\frac{x-L/2}{y} - \frac{y(x+L/2)}{y^2+(x+L/2)^2} + \frac{y(x-L/2)}{y^2+(x-L/2)^2}\right] \Bigg\}$$
$$\tau_{xy} = -\frac{q}{\pi}\frac{y^2}{y^2+(x+L/2)^2}$$

$$(3.4)$$

式中 q——作用在煤柱上的载荷集度，MPa；

      σ_y——垂直方向应力，MPa；

      σ_x——水平方向应力，MPa；

      τ_{xy}——剪应力，MPa；

      L——煤柱宽度，m。

（2）采动引起的底板岩层应力分布

煤层开采引起的回采空间周围岩层应力重新分布，不仅在回采空间周围煤体（柱）上造成应力集中，还会向底板深部传递，在底板岩层一定范围内重新分布应力，成为影响底板巷道布置和维护的重要因素。

在均布载荷作用下计算半无限平面体内应力的有关公式，以及在三种典型的载荷作用下底板岩层的应力分布[123]。图 3.2 为一侧采空区，作用于煤体上的支承压力近似三角形分布，应力增高系数为 3。

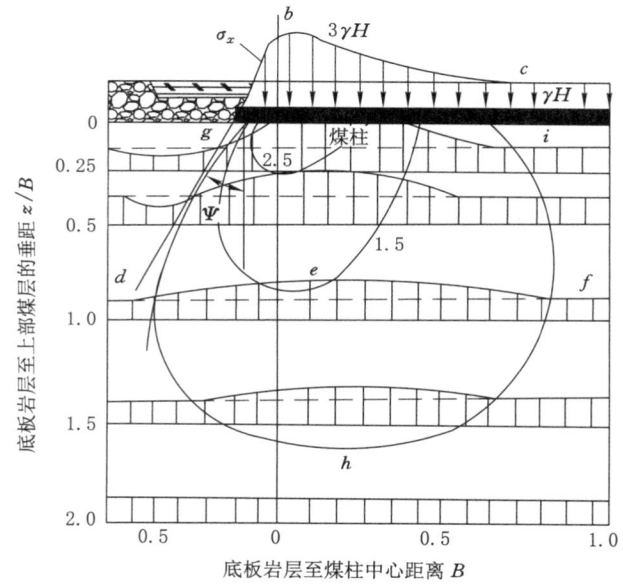

图 3.2 一侧采空煤柱载荷作用下底板岩层的应力分布

图 3.2 中曲线 d、e、f 表示在载荷作用下，底板岩层不同深度水平截面上铅直应力 σ_z 的分布；曲线 g、h、i 表示底板岩层内铅直应力与自重应力比值的等值线，等值线外部铅直应力等于自重应力即 γH。由图可得以下规律：

① 作用于煤层上的支承压力的影响深度约为 $1.5B \sim 2B$；

② 底板岩层内同一水平面上 σ_z 最大值在煤体下方，距采空区边缘数米处；

③ 无论在何种形式煤层载荷作用下,底板岩层内应力分布都呈扩展状态,数值等于自重应力值的等值线与煤体边缘垂线的夹角,该角为影响角 Ψ,Ψ 一般为 $30°\sim40°$。

煤层底板岩层相当于一个半无限体,按平面应变问题处理,计算覆岩在煤体上和已压实的冒落矸石上的支承压力引起的底板岩层应力,其最大主应力 $\sigma_{\max}$ 的应力增高系数等值线分布,如图 3.3 所示。图 3.3 表示上部煤层单侧采动引起底板岩层内应力分布,除了在煤柱下方底板岩层一定范围内形成应力增高区外,还在位于煤柱附近的采空区下方底板岩层一定范围内形成应力降低区。底板岩层受采动影响,随工作面推进,σ_z 在高度集中后急剧下降,在铅直方向产生压缩和膨胀,伴生出水平方向的压缩和膨胀,出现水平应力升高区和卸压区。采空区下方底板浅部卸压区甚至出现拉应力,岩层强度已大为减弱。

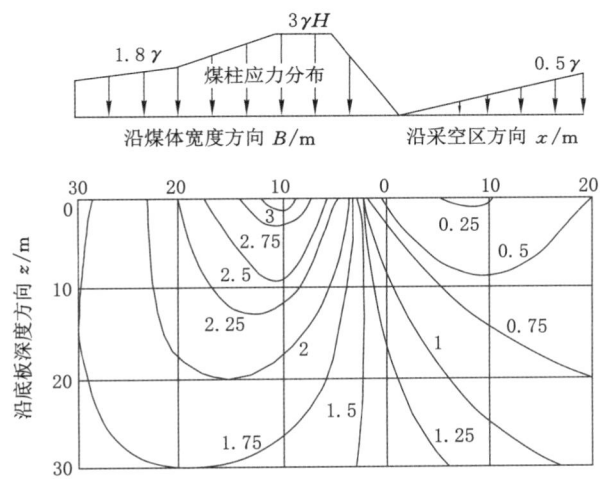

图 3.3　上部煤层一侧采动遗留保护煤柱下引起底板岩层内应力分布

3.1.2　近距离煤层底板破坏机理分析

两近距离煤层的下位煤层是否受到上位煤层开采的影响取决于上位煤层开采时造成的底板破坏深度。工作面推进过程中煤层底板岩体发生隆起的现象可以用塑性区的形成和发展过程加以解释。煤层开采后,采空区周围的底板岩体上产生支承压力,当支承压力作用区域Ⅰ内的岩体所承受的应力超过其极限强度时,岩体将会产生塑性变形,由于这部分岩体在垂直方向上受到压缩,在水平方向上必然会膨胀,膨胀的岩体挤压过渡区Ⅱ的岩体,并且将应力传递到这一区域。过渡区Ⅱ的岩体受压后将继续挤压被动区Ⅲ的岩体,如图 3.4 所示。由于过渡区和被动区有临空面(采空区),在主动区传递来的力的作用下,过渡区和被动区的岩体将向采空区内膨胀[118],形成塑性破坏区。

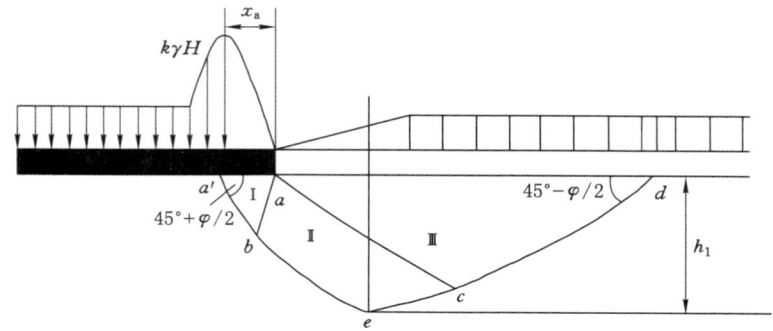

图 3.4　煤层底板破坏力学模型[118]

根据魏西克提出的塑性滑移时岩土层极限承载力的综合计算公式,可得到底板岩体的极限载荷,从而得出极限支承压力条件下破坏区最大深度的计算公式。煤层底板岩体最大破坏深度 h_1 可表示如下:

$$h_1 = \frac{x_{\mathrm{a}} \cos \varphi}{2 \cos \left(\dfrac{\pi}{4} + \dfrac{\varphi}{2} \right)} \mathrm{e}^{\left(\frac{\pi}{4} + \frac{\varphi}{2} \right) \tan \varphi} \tag{3.5}$$

底板岩体最大破坏深度与工作面端部的水平距离 L_{b} 为:

$$L_{\mathrm{b}} = h_1 \tan \varphi = \frac{x_{\mathrm{a}} \sin \varphi}{2 \cos \left(\dfrac{\pi}{4} + \dfrac{\varphi}{2} \right)} \mathrm{e}^{\left(\frac{\pi}{4} + \frac{\varphi}{2} \right) \tan \varphi} \tag{3.6}$$

工作面前方煤壁屈服宽度 x_{a}:

$$x_{\mathrm{a}} = \frac{m}{2 K_1 \tan \varphi} \ln \frac{k \gamma H + C_{\mathrm{m}} \cot \varphi}{K_1 C_{\mathrm{m}} \cot \varphi} \tag{3.7}$$

式中　　m——煤层厚度,m;

　　　　h——应力集中系数;

　　　　H——埋藏深度,m;

　　　　x_a——煤体塑性区宽度,m;

　　　　φ——内摩擦角,(°);

　　　　C_{m}——煤岩体内聚力,MPa;

　　　　K_1——最大应力集中系数;

　　　　γ——覆岩平均容重,N/m³。

3.2 工作面底板破坏规律数值分析

由上一节理论分析可知,工作面开采期间,工作面超前支承压力在煤层底板中传递,形成较为显著的应力集中。在工作面超前支承压力作用下,采场围岩裂隙发育。本节利用 FLAC3D 三维数值模拟软件,建立煤层开采底板破坏试验模型,研究工作面开采过程中底板破坏规律。

3.2.1 模型建立及试验方案

(1)模型建立

以团柏煤矿 11-101 工作面上覆岩层情况,建立三维有限差分模型,如图 3.5 所示。模型走向长度 400 m,倾向长度 352 m,高 180 m,工作面宽 150 m,开采高度 2.3 m;为了减小模型边界对模拟效果的影响,模型的走向和倾向两侧各留 100 m 边界煤柱。模型四周边界施加梯度水平应力边界和位移限定边界,模型底部初始水平应力为 6.625 MPa,应力梯度为 0.012 5 MPa/m;模型底部施加位移限定边界;模型顶部施加应力边界,施加应力 6.25 MPa,用以模拟模型上方省略岩层的载荷重量[123]。

图 3.5 三维数值模型

(2)试验方案

由于本试验研究的是工作面开采超前支承压力对底板破坏的影响,为了使试验结果更能反映工程现场实际,工作面每开挖 4 m 平衡一次,共开挖平衡 25 次,模拟工作面实际推进 100 m。

(3)模型参数

上覆岩层在采动应力作用下发生破坏,岩层破坏往往遵循莫尔-库仑准则。因此,本次模拟采用莫尔-库仑本构模型。具体岩层的力学参数见表 3.1,由于模拟岩层较多,书中仅对各个岩性的参数进行罗列,具体岩层分布不再赘述。

表 3.1　模型参数

岩性	体积模量/GPa	剪切模量/GPa	内聚力/MPa	内摩擦角/(°)	抗拉强度/MPa
煤	0.92	0.83	1.68	20	1.340
石灰岩	22.6	11.1	4.72	32	7
粉砂岩	6.11	4.84	2.30	30	4.47
细砂岩	5.87	3.38	3.26	28	3.19
铝质泥岩	3.06	1.89	1.80	26	3.89
泥岩	2.17	1.21	1.30	25	2.78

3.2.2　工作面底板破坏规律

通过 FLAC3D 有限差分模拟计算,沿工作面中部做剖面切片,得到工作面底板随开挖步距增大的破坏情况,如图 3.6 所示。

由图 3.6(a)所示,工作面推进初期,工作面超前支承压力峰值较小,影响范围有限,因此,底板塑性区发育范围较小,主要分布在煤层塑性区下方以及采空区下方,整个底板塑性区为剪切破坏区。当工作面推进到 12 m 时,采空区两端煤体下方底板以塑性区为剪切破坏区,塑性区超前工作面煤壁 4 m,深 1.5 m;在采空区中部,底板深部出现了拉破坏塑性区,这主要是由于在底板支承压力以及远场水平应力共同作用下,采空区下方底板发生向上运动,层面之间出现水平裂隙,此时底板破坏深 2.5 m,其破坏区深度大于采空区两边缘,形成"倒三角"形的塑性破坏区,如图 3.6(b)所示。当工作面推进到 20 m 时,工作面超前底板塑性破坏区深度依然为 1.5 m,为剪切破坏区;采空区中部底板塑性破坏区深度为 2.5 m,但塑性破坏区范围走向上不断加大,形成"盆地"状塑性破坏区,如图 3.6(c)所示。当工作面推进到 28 m 时,采空区两端煤层下方底板的塑性区破坏深度未见增加,超前破坏范围也未见增大,但采空区中部塑性破坏区范围水平上不断增大,深度上也达到 3 m,如图 3.6(d)所示。随着工作面开采范围的逐渐增大,工作面超前支承压力峰值逐渐增大,煤体的极限平衡区范围也不断增大,工作面底板超前破坏区影响范围变化不大,当工作面推进到 52～60 m 时,工作面底板超前塑性破坏区范围一直为 4 m 左右,并且采空区中塑性破坏区最大深度同样为 3 m,但是塑性破坏区水平方向上不断增大,同样为"盆底"状塑性破坏区,如图 3.6(e)～(j)所示。

综上所述,工作面开采初期,随工作面超前支承压力不断向前移动,超前工作面底板破坏区范围也跟随前移,并且随着极限平衡区范围相应增大,工作面底板超前破坏区范围及深度也不断增大,形成"倒三角"形塑性破坏区;随着工作面

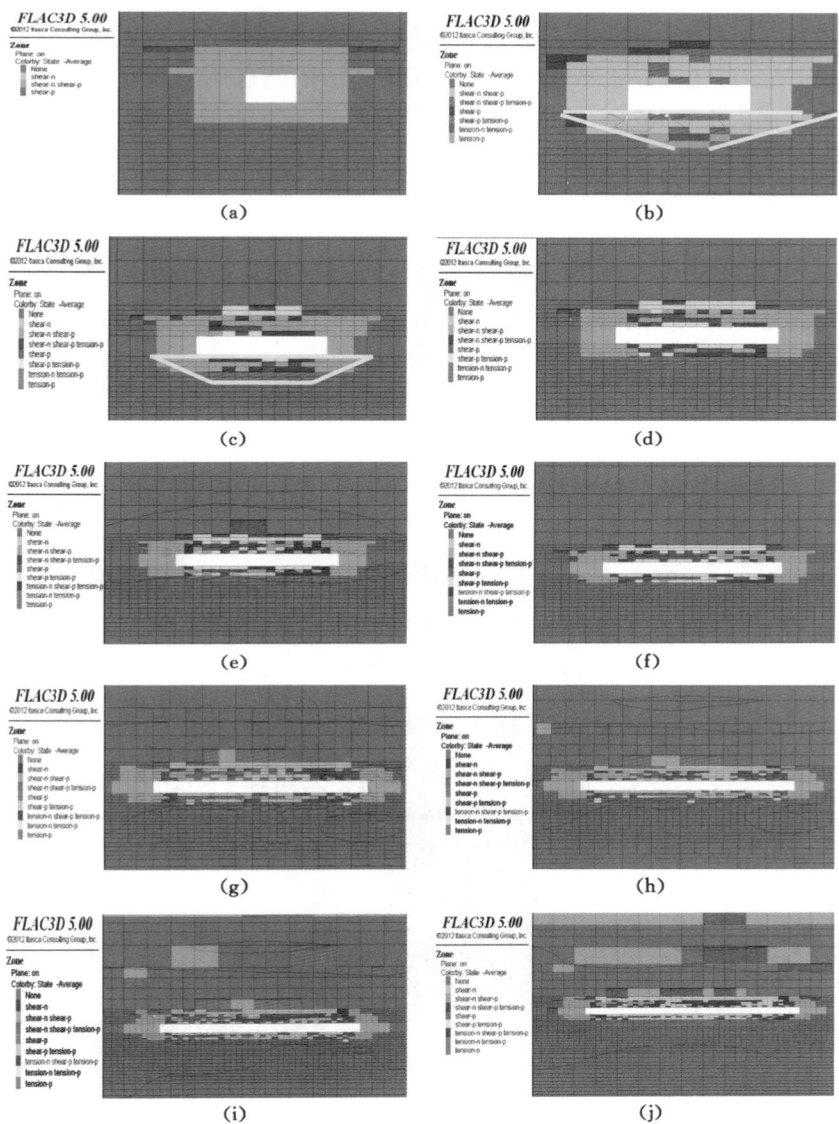

图 3.6 不同开采步距底板塑性区分布图

(a) 开挖 4 m；(b) 开挖 12 m；(c) 开挖 20 m；(d) 开挖 28m；(e) 开挖 36 m；

(f) 开挖 44 m；(g) 开挖 52 m；(h) 开挖 60 m；(i) 开挖 68 m；(j) 开挖 76 m

开采范围的不断增大,工作面底板超前破坏范围变化不大,采空区中部底板塑性破坏区深度达到最大后将不再增大,但沿走向水平范围不断增大,形成"盆地"状塑性破坏区;整个底板塑性破坏区,在两端以底板支承压力作用形成的压剪破坏为主,在采空区中部以水平应力和支承压力产生的挤压应力共同作用形成的拉破坏塑性区为主,形成"剪切破坏-拉破坏-剪切破坏"的塑性区模式。

3.3　淋水巷道顶板劣化特征

由于下煤层工作面开采期间,上煤层采空区聚集大量的岩层水,岩层水通过层间岩层裂隙渗流到下煤层巷道,对下煤层工作面顶板裂隙发育产生较大影响。为了更好地研究下煤层工作面采掘期间淋水巷道顶板岩层裂隙发育情况,分别在巷道掘进期间和回采期间,在顶板岩层钻孔,利用电子钻孔窥视仪,直观地成像研究淋水巷道顶板裂隙发育分布规律。

3.3.1　试验设备及试验方案

（1）试验设备

本次试验采用电子钻孔窥视仪,如图 3.7 所示。电子钻孔窥视仪主要有四部分组成:探头与探线,电源配电器,显示器,DVR,如图 3.8 所示。

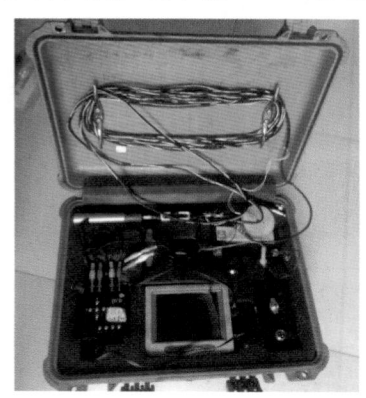

图 3.7　电子钻孔窥视仪

（2）试验方案

工作面回采巷道掘进后,顶板便开始发生下沉,岩层出现破坏。工作面回采期间,随着开采范围的不断扩大,采场周围煤岩体内的应力集中程度越来越明显,采空区周围煤岩体在采动应力作用下出现破坏。因此,本次钻孔试验分为两个阶段:掘进期间和回采期间。

掘进期间:在距掘进迎头30 m处对巷道顶板进行钻孔,孔深4 m,研究巷道掘进初期顶板劣化特征。

回采期间:分别在距回采工作面1 m、10 m和设计停采线附近三个地点进行钻孔,孔深5 m,分别研究回采期间工作面采动应力对顶板劣化的影响。

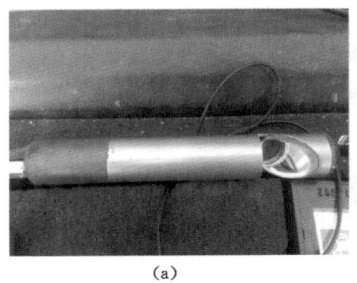　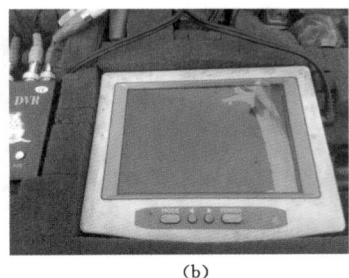

(a)　　　　　　　　　　　　　(b)

图3.8　电子钻孔窥视仪部分构件
(a)探头;(b)显示器

3.3.2　淋水巷道掘进围岩劣化特征

在11-101工作面巷道掘进期间,巷道顶板未出现淋水现象,距掘进工作面30 m处进行钻孔窥视,窥视结果如图3.9所示。

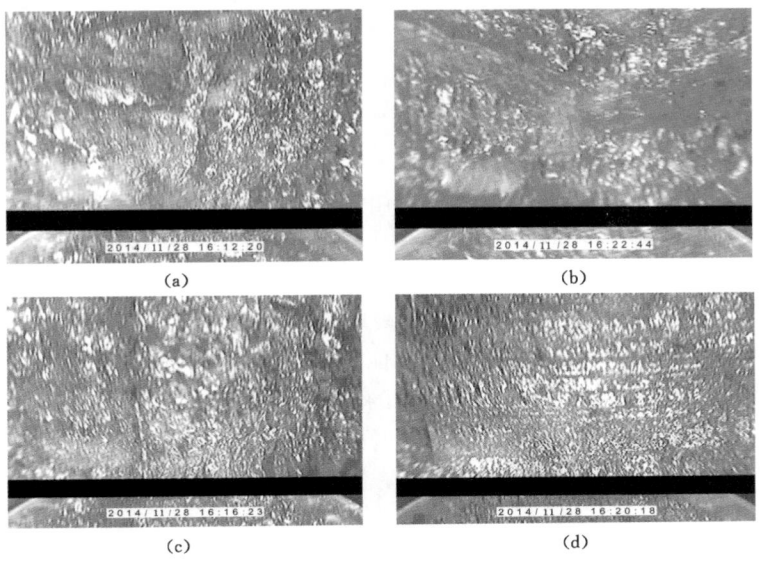

图3.9　钻孔窥视效果图
(a)顶煤;(b)煤层与粉砂岩交界面;(c)粉砂岩下部;(d)粉砂岩中上部

由图 3.9(a)可以看出,工作面回采巷道掘进初期,顶煤完整性较差,巷道表面出现呈不规则分布的裂隙;随着钻孔深度增加,在顶煤与粉砂岩的交界面,未见明显的离层裂隙,说明掘进初期顶煤和粉砂岩之间的黏结性较好,如图 3.9(b)所示;进入粉砂岩内部,由图 3.9(c)和(d)分别可以看出,虽然孔壁表面有岩粉,但粉砂岩内部无裂隙发育,岩层的完整性比较好。

综合上述现象,下煤层工作面掘进初期,由于巷道上方为采空区,巷道处于卸压区下,顶板载荷较小,巷道顶板尚未出现明显弯曲下沉现象,岩体劣化程度较小,完整性较好。

3.3.3　工作面采动淋水巷道围岩劣化特征

对 11-101 淋水巷道距回采工作面 1 m、10 m 处以及设计停采线位置钻孔内部进行视频录像,然后对录像进行截图处理,得到不同位置钻孔内裂隙发育情况,如图 3.10 至图 3.12 所示。

(1)距工作面端头 1 m 位置钻孔窥视结果

根据淋水巷道距工作面端头 1 m 位置的钻孔成像结果显示,顶板 0.5 m 范围内为顶煤,0.5 m 以上为粉砂岩。由于粉砂岩上部裂隙发育程度较高,钻孔后岩体较为破碎,4.5 m 以上的钻孔未能进行观测。

根据钻孔录像结果,在淋水巷道顶煤内,不同角度裂隙贯穿煤层。整个煤层破坏较为严重,整体性差,如图 3.10(a)所示。这主要是由于顶煤在支撑力的作用下发生破碎,而淋水的存在又使顶煤软化,加剧了煤层内的裂隙发育贯通。在煤与粉砂岩交界处出现明显的层状离层裂隙,主要是由于顶煤抗弯刚度远小于粉砂岩,在渗透压力的作用下,离层裂隙宽约 150 mm,且离层裂隙周围煤岩体较为破碎,由此说明在淋水的作用下,煤体强度显著下降,如图 3.10(b)所示。随着窥视钻孔深度的增加,粉砂岩内也出现多条竖向裂隙,钻孔深度 2 m 处,竖向裂隙宽度较小,宽度约为 5 mm,如图 3.10(c)所示;钻孔深度 3 m 时,竖向裂隙宽度有所增加,宽度约为 10 mm,如图 3.10(d)所示;钻孔深度为 3.5 m 时,竖向裂隙宽度增加到 18 mm,如图 3.10(e)所示。由此可见,在 2~3.5 m 范围内,粉砂岩内主要存在竖向裂隙,不存在其他角度裂隙,岩体的完整性相对较好;随着钻孔深度的增加,粉砂岩内竖向裂隙的宽度逐渐增大。这主要是距离上煤层采空区越近,渗流水对粉砂岩裂隙作用时间越长,竖向裂隙越发育。当钻孔深度达到 4.5 m 时,各种角度裂隙交叉存在,粉砂岩整体破坏比较严重,如图 3.10(f)所示。由此验证了上煤层工作面开采超前支承压力对底板粉砂岩产生压剪破坏,进入采空区后,在水平压力和渗透水压的作用下,裂隙进一步发育,造成粉砂岩上部破碎较严重。

(2)距工作面端头 10 m 位置钻孔窥视结果

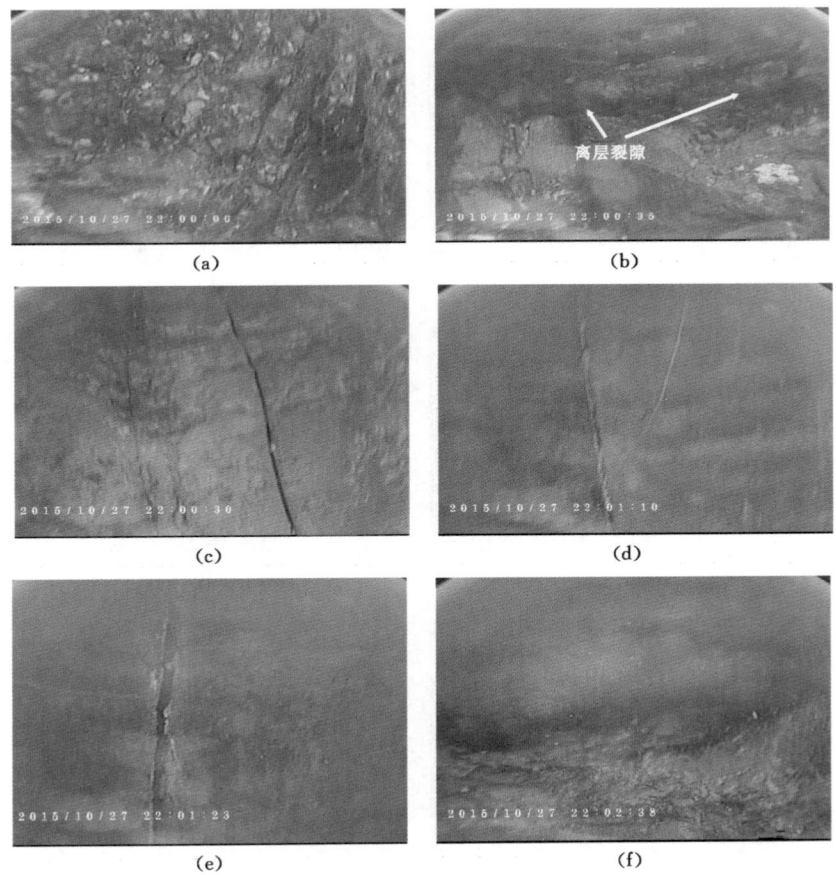

图 3.10 距工作面端头 1 m 处钻孔窥视效果图
(a) 破碎的煤(0.3 m);(b) 煤与粉砂岩胶结处(0.5 m);(c) 粉砂岩(2 m);
(d) 粉砂岩(3 m);(e) 粉砂岩(3.5 m);(f) 粉砂岩(4.5 m)

在距离工作面端头 10 m 处对巷道顶板进行钻孔,窥视成像得到淋水巷道顶板裂隙发育情况,如图 3.11 所示。钻孔深度 0.5 m 以下时,巷道顶板为 11# 煤层顶煤,其内部各方向裂隙较为发育,主裂隙上的次生裂隙也明显发育,煤层较为破碎,如图 3.11(a)和(b)所示。在顶煤与粉砂岩交界面处,出现一条水平离层裂隙,如图 3.11(c)所示。这主要是煤层和粉砂岩强度差别较大,下位煤层弯曲下沉所致。在钻孔深度 1 m 处,粉砂岩内出现一条水平裂隙,并且裂隙上明显有岩层水渗出,如图 3.11(d)所示。在钻孔深度 1.5 m 处,出现一条竖向发育裂隙,裂隙宽度较小,延展性不强,如图 3.11(e)所示。在钻孔深度 2 m 处,仅

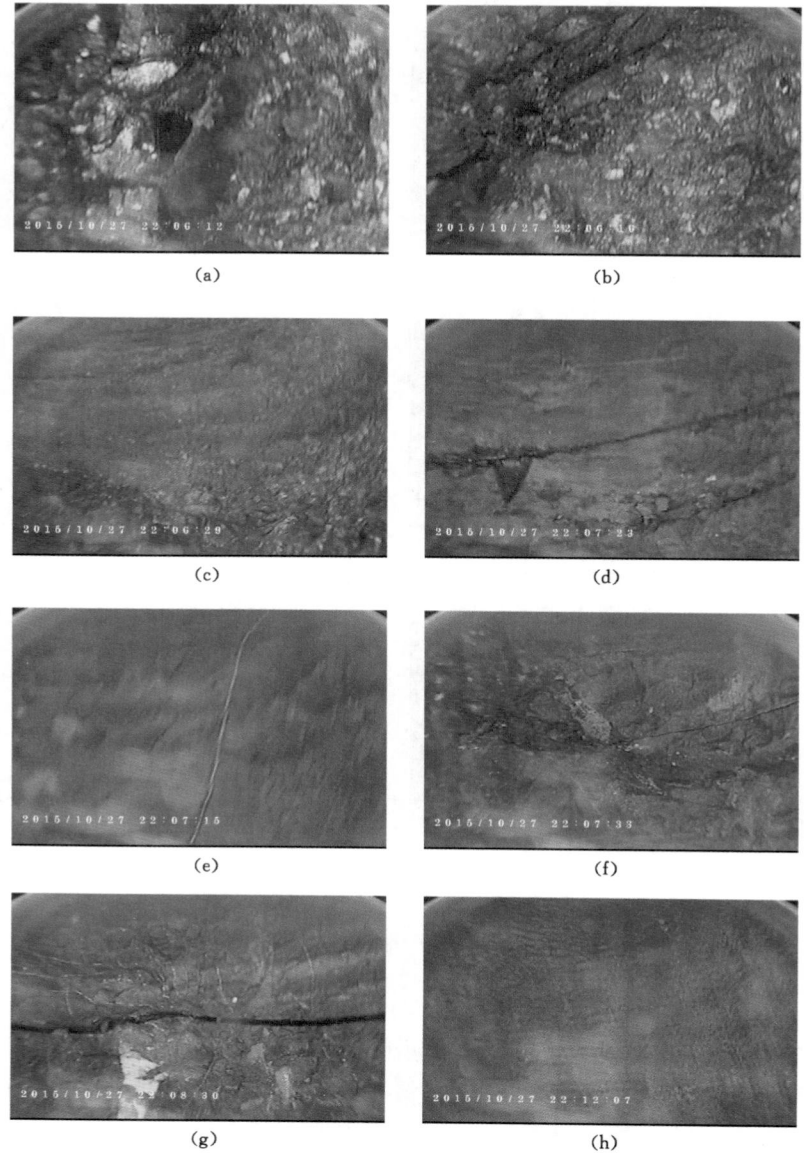

图 3.11 距工作面端头 10 m 处钻孔窥视效果图

(a) 破碎的煤(0.2 m);(b) 节理、裂隙发育的煤(0.4 m);(c) 煤岩胶结处(0.5 m);(d) 粉砂岩(1 m);
(e) 粉砂岩(1.5 m);(f) 粉砂岩(2 m);(g) 粉砂岩(2.5 m);(h) 粉砂岩(3 m);(i) 粉砂岩(3.5 m);
(j) 粉砂岩(4 m);(k) 粉砂岩(4.5 m);(l) 粉砂岩(5 m)

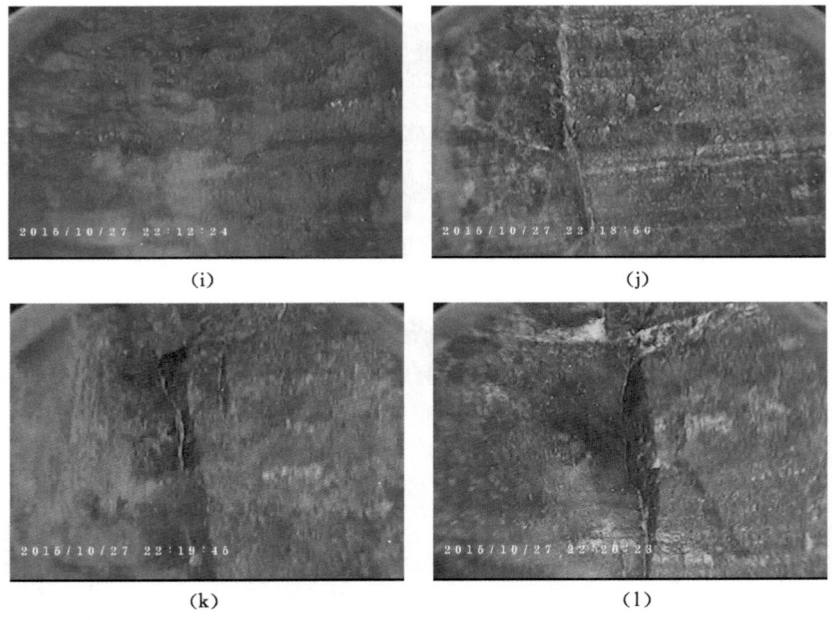

图 3.11(续)

出现一条水平的微裂隙,如图 3.11(f)所示。在钻孔深度 2.5 m 处,发育一条宽度较大的水平裂隙,并且水平裂隙周围次生裂隙较为发育,裂隙周围岩面较为湿润,说明有水渗流出,如图 3.11(g)所示,这主要是渗流水弱化岩体,在弯曲下沉作用下,岩体发生层间水平剪切破坏所致。随着钻孔深度的进一步增加,当深度为 3 m 和 3.5 m 时,钻孔周围岩壁未见明显的裂隙,岩体的完整性较好,但根据粉砂岩下部裂隙渗流情况,说明该部分裂隙较少且裂隙宽度较小,如图 3.11(h)和(i)所示。当钻孔深度达到 4 m 时,其内部出现一条竖向裂隙,随着钻孔深度的增加,粉砂岩内的竖向裂隙宽度不断增大,并且钻孔表面出现大量的渗水亮斑,说明裂隙周围出现较多的次生裂隙,如图 3.11(j)~(l)所示。由此可以说明,粉砂岩上部受上煤层工作面开采超前支承压力的影响,其内部发育较多的压剪破坏裂隙,导致粉砂岩上部较为破碎。

(3)设计停采线位置钻孔窥视结果

在 11-101 工作面设计停采位置的回采巷道顶板进行钻孔成像,此处巷道内未出现淋水现象,并且该位置距离回采工作面 450 m,巷道围岩体受工作面采动应力影响较小。

根据钻孔窥视仪成像后截图处理,得到 11-101 工作面设计停采线位置巷道顶板裂隙发育图,如图 3.12 所示。当钻孔深度为 0.1 m 时,粉砂岩内裂隙较为发育,各方向裂隙纵横交错,岩体较为破碎,如图 3.12(a)所示。随着深度的增加,钻孔深度为 0.5 m 时,粉砂岩内仅发育一条竖向裂隙,且较为明显,如图 3.12(b)所示。随着钻孔深度的继续增加,竖向裂隙继续向深部扩展,但裂隙宽度逐渐减小,并且在钻孔 1.5 m 后逐渐尖灭,如图 3.12(c)和(d)所示。当钻孔深度达到 2 m 时,钻孔内未见明显裂隙,粉砂岩完整性较好;钻孔深度为 3~4 m 时,粉砂岩质地密实,同样未见明显裂隙发育,如图 3.12(e)~(g)所示。随着钻孔深度的增加,当钻孔深度为 4.5 m 时,岩层内开始发育竖向裂隙,并且裂隙周围出现明显的渗水现象,如图 3.12(h)所示。当深度达到 5 m 时,粉砂岩内的裂隙较为发育,岩层较为破碎,此处距离上煤层采空区约 0.5 m,由此说明上煤层工作面开采超前支撑压力对粉砂岩上部产生压剪破坏,并且越靠近采空区,在岩层的影响下,岩体强度减弱,裂隙越发育,岩层越破碎。

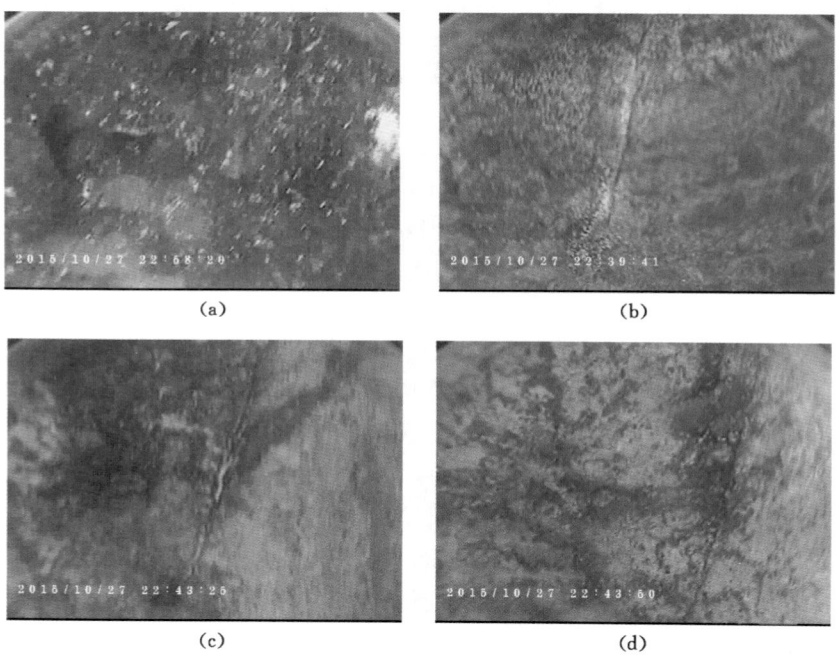

图 3.12 设计停采线位置钻孔窥视效果图

(a) 粉砂岩(0.1 m);(b) 粉砂岩(0.5 m);(c) 粉砂岩(1 m);(d) 粉砂岩(1.5 m);
(e) 粉砂岩(2 m);(f) 粉砂岩(3 m);(g) 粉砂岩(4 m);(h) 粉砂岩(4.5 m);(i) 粉砂岩(5 m)

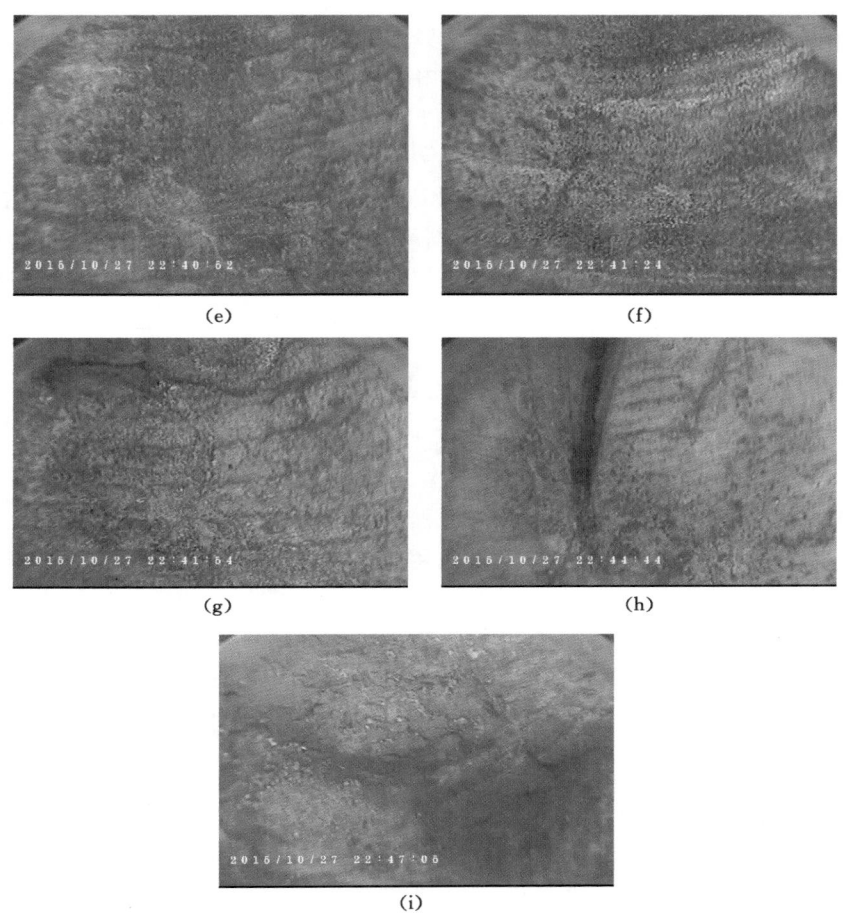

图 3.12(续)

综合上述分析可知,得到下煤层工作面采掘过程中淋水巷道顶板裂隙发育规律:

① 根据下煤层工作面淋水巷道顶板钻孔情况,上煤层工作面开采时,工作面超前支承压力在煤层底板传播,直接底上部在超前支承压力作用下发生压剪破坏,采空区水的渗流压力及物理化学作用促进了直接底岩层裂隙发育,使得岩体较为破碎。

② 近距离下煤层工作面回采巷道掘进完后,巷道顶板裂隙发育明显地分为以下三层:a.下层裂隙发育区,此区域主要是顶板弯拉破坏和支护应力作用造成

的,裂隙纵横交错,岩层较破碎;b. 中层岩层完整区,此区域受上下工作面采动影响较小,一般裂隙不发育或仅有较少竖向或水平裂隙发育,但岩层相对比较完整;c. 上层裂隙发育区,此区域主要是由于上煤层工作面开采超前支承压力在底板中传播,造成岩体压剪破坏以及水平应力产生的弯拉破坏,并在岩层水的作用下,裂隙较发育,岩体较为破碎。

③ 随着距离回采工作面越近,淋水巷道顶板受工作面采动影响越明显,中层完整区开始有竖向裂隙或水平裂隙发育,岩层内的裂隙出现渗流现象,巷道内淋水较为严重。随着淋水时间越长,中层裂隙区裂隙的开度越大。并且在渗流水的作用下,下层裂隙发育区范围明显增大,因此,对于淋水巷道,越靠近工作面煤壁越要加强顶板支护。

3.4　支护结构淋水劣化研究

通过以上研究发现,工作面开采过程中,淋水不但对巷道顶板岩体具有弱化作用,而且对岩体裂隙发育具有促进作用。工作面采掘过程中,为了保持弱化、裂隙发育巷道围岩的稳定性,提供良好的工作空间,需对巷道围岩进行支护。对于回采巷道,一般较多采用锚杆和锚索支护方式。锚杆锚索支护的关键是锚固段锚固性能的好坏,其最直接的表现为锚杆锚固力的大小。笔者与团柏煤矿联合中国矿业大学何富连教授科研团队进行了淋水条件锚杆拉拔试验,研究淋水对锚杆锚索支护锚固段劣化的影响。

3.4.1　试验设备及试验方案

为了更清晰地研究淋水对锚杆锚索锚固段的劣化影响,本试验利用普通树脂锚固剂和新型防水树脂锚固剂,对比研究淋水对锚固剂锚固性能的影响,两种锚固剂的性能见表3.2。

表 3.2　防水型和普通型锚固剂性能对比

材料类型		项目		
		初凝时间/s	等待时间/min	锚固力/kN
无水	普通型	25	10	210
	防水型	25	10	210
有水	普通型	30	10	115
	防水型	25	10	210

表 3.2(续)

材料类型		项目		
		初凝时间/s	等待时间/min	锚固力/kN
有水	普通型	35	10	105
	防水型	25	10	115

根据团柏煤矿工作面现场条件,分别对弱淋水区、强淋水区和弱涌水区三种不同淋水条件进行锚杆和锚索锚固拉拔试验,具体方案如下。

（1）锚杆试验方案

在三种不同淋水条件巷道顶板上布置锚固力试验的锚杆,锚固方案见表3.3。锚杆采用 $\phi18\times2\,400$ mm 高强锚杆,钻孔直径 28 mm。

表 3.3　锚杆锚固力试验方案

锚固方案	顶板条件		锚固剂型号及数量
1-1	弱淋水区	普通型	CK2340、K2340、K2340 各一支
		防水型	FSCK2340、FSK2340、FSK2340 各一支
1-2	强淋水区	普通型	CK2340、K2340、K2340 各一支
		防水型	FSCK2340、FSK2340、FSK2340 各一支
1-3	弱涌水区	普通型	CK2340、K2340、K2340 各一支
		防水型	FSCK2340、FSK2340、FSK2340 各一支

锚杆在施工过程中,普通锚固剂和新型防水锚固剂采用的药卷型号分别为CK2340、K2340、K2340 和 FSCK2340、FSK2340、FSK2340 各一支,并按照超快、快、快的顺序依次填装。其中 CK 表示超快,K 表示快,FS 表示防水。

（2）锚索试验方案

在巷道顶板上的两排锚杆之间布置锚固力试验的锚索,锚固方案见表3.4。锚索采用 $\phi15.24$ mm、1×7 股高强度低松弛预应力钢绞线,锚索眼深 4.5 m,锚索长度 4.8 m,钻孔直径 28 mm。

表 3.4　锚索锚固力试验方案

锚固方案	顶板条件		锚固剂型号及数量
2-1	弱淋水区	普通型	CK2340、K2340、K2340、K2340 各一支
		防水型	FSCK2340、FSK2340、FSK2340、FSK2340 各一支

表 3.4(续)

锚固方案	顶板条件		锚固剂型号及数量
2-2	强淋水区	普通型	CK2340、K2340、K2340、K2340 各一支
		防水型	FSCK2340、FSK2340、FSK2340、FSK2340 各一支
2-3	弱涌水区	普通型	CK2340、K2340、K2340、K2340 各一支
		防水型	FSCK2340、FSK2340、FSK2340、FSK2340 各一支

锚索在施工过程中,普通锚固剂和新型防水锚固剂采用的药卷型号为 CK2340、K2340、K2340、K2340 和 FSCK2340、FSK2340、FSK2340、FSK2340 各一支,并按照超快、快、快、快的顺序依次填装。其中 CK 表示超快,K 表示快,FS 表示防水。

锚杆的锚固力须达到 120 kN,锚杆安装后 2~3 天利用锚杆拉力计进行破坏性拉拔试验,并对数据进行记录;锚索的锚固力须达到 180 kN,锚索安装后 5~7 天利用锚索拉力计进行破坏性拉拔试验。锚杆和锚索拉力计如图 3.13 所示。

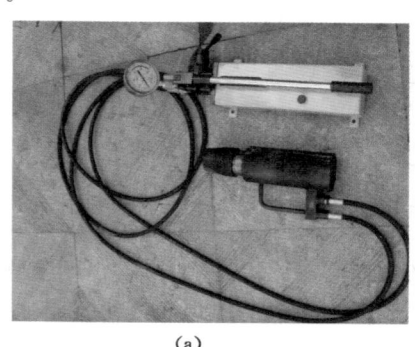 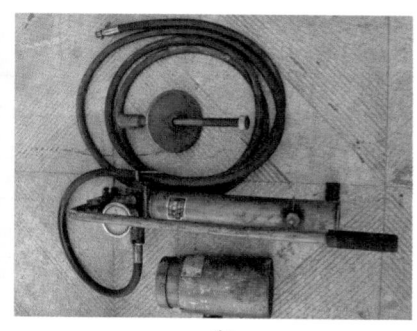

(a)　　　　　　　　　　　　　　　(b)

图 3.13　试验设备

(a) 锚杆拉力计;(b) 锚索拉力计

3.4.2　试验结果分析

利用锚杆(索)拉力计对试验的各个锚杆和锚索实施拉拔试验,并记录各个锚杆和锚索极限拉拔力,为减小误差,将各个数值平均后得到锚杆(索)锚固力测试结果,见表 3.5。

表 3.5 锚杆（索）锚固力测试结果

指　标	分　类					
	弱淋水区淋水量/ (mL/s)∈[0,8]		强淋水区淋水量/ (mL/s)∈[72,96]		弱涌水区淋水量/ (mL/s)∈[126,143]	
	普通型	防水型	普通型	防水型	普通型	防水型
锚杆拉拔力/kN	110	126	84.2	113	75.9	114
锚索拉拔力/kN	219	231	175	225	153	208

根据锚杆拉拔试验测试结果进行对比分析，当顶板淋水量≤8 mL/s 时，普通锚固剂的锚杆拉拔力为 110 kN，防水型锚固剂的锚杆拉拔力为 126 kN，普通型锚固剂的锚杆拉拔力比防水型锚固剂的小 12.7%；当顶板淋水量增大到 72～96 mL/s 时，普通型锚固剂锚杆拉拔力减小为 84.2 kN，较弱淋水条件下的减小了大约 23.5%，防水型锚固剂锚杆拉拔力减小为 113 kN，较弱淋水条件下的减小了 10.3%；当顶板淋水量增大到 126～143 mL/s 时，普通型锚固剂锚杆拉拔力减小为 75.9 kN，较强淋水条件下的又减小了 9.9%，防水型锚固剂锚杆拉拔力为 114 kN，相对来说没有出现减小，而此时普通型锚固剂锚杆拉拔力比防水型锚固剂锚杆拉拔力小 33.4%。由此可见，水对普通型锚固剂锚杆拉拔力的影响最大，对防水型锚固剂锚杆的支护效果几乎没有影响。

对于锚索来说，当顶板淋水量≤8 mL/s 时，普通型锚固剂的锚索拉拔力为 219 kN，防水型锚固剂的锚杆拉拔力为 231 kN，普通型锚固剂的锚杆拉拔力比防水型锚固剂的小 5.2%；当顶板淋水量增大到 72～96 mL/s 时，普通型锚固剂锚杆拉拔力减小为 175 kN，弱淋水条件下的减小了 20.1%，防水型锚固剂锚杆拉拔力减小为 225 kN，弱淋水条件下的减小了仅 2.6%；当顶板淋水量增大到 126～143 mL/s 时，普通型锚固剂锚杆拉拔力减小为 153 kN，较强淋水条件下又减小了 12.6%，防水型锚固剂锚杆拉拔力为 208 kN，较强淋水条件下减小了 7.5%，而此时普通型锚固剂锚杆拉拔力比防水型锚固剂锚杆拉拔力小 26.4%。由此可见，水对普通型锚固剂锚索拉拔力的影响最大。

由锚杆（索）拉拔试验结果分析可知，在弱淋水区，普通型锚固剂与防水型锚固剂锚固效果相差不大，随着顶板淋水量的增大，普通型锚固剂锚杆（索）的拉拔力降低幅度最大，这主要是由于普通型树脂锚固剂遇水发生物理化学变化，造成普通型锚固剂与岩体胶结面产生劣化损伤，使锚索与岩体间的握裹力和黏结强度下降，两者之间的摩擦系数和变形模量减小，直接影响锚索锚固程度和大小。另外，水对顶板岩体强度的弱化作用使得锚杆（索）失去了稳定的承载基础，弱化了预紧力的传递作用，从而加剧了锚杆（索）锚固效果的降低。由此可以看出，对于顶板淋水巷道,进行锚杆(索)支护时宜采用防水型树脂锚固剂。

3.5 本章小结

本章通过 FLAC3D 数值模拟,研究了工作面开采底板破坏区发育规律;利用钻孔窥视仪,研究了近距离下煤层淋水巷道顶板劣化特征;通过拉拔力学试验,研究了水对锚杆锚索锚固段支护效应的影响,结论如下:

① 工作面开采初期,工作面超前底板破坏区范围随工作面推进不断前移,底板超前破坏区范围及深度也不断增大,形成"倒三角"形塑性破坏区;工作面开采达到一定范围后,工作面底板超前破坏范围变化不大,采空区中部底板塑性破坏区深度达到最大后将不再增大,但沿走向水平范围不断增大,形成"盆地"状塑性破坏区。整个底板塑性破坏区形成"剪切破坏-拉破坏-剪切破坏"的塑性区模式。

② 下煤层工作面掘进初期,由于巷道上方为采空区,巷道处于卸压区下,顶板载荷较小,巷道顶板尚未出现明显弯曲下沉现象,岩体劣化程度较小,完整性较好。

③ 近距离下煤层工作面回采巷道掘进完后,巷道顶板裂隙发育明显地分为以下三层:a. 下层裂隙发育区,裂隙纵横交错,岩层较破碎;b. 中层岩层完整区,受上下工作面采动影响较小,一般裂隙不发育或仅有较少竖向或水平裂隙发育,但岩层相对比较完整;c. 上层裂隙发育区,裂隙较发育,岩体较为破碎。

④ 随着距离回采工作面越近,淋水巷道顶板受工作面采动影响越明显,中层岩层完整区开始有竖向裂隙或水平裂隙发育,岩层内的裂隙出现渗流现象,巷道内淋水较为严重,随着淋水时间越长,中层裂隙区裂隙的开度越大。在渗流水的作用下,下层裂隙发育区范围明显增大,因此,对于淋水巷道,越靠近工作面煤壁越要加强顶板支护。

⑤ 由于普通型树脂锚固剂遇水发生物理化学变化,普通型锚固剂与岩体胶结面产生劣化损伤,使锚索与岩体间的握裹力和黏结强度下降,两者之间的摩擦系数和变形模量减小,直接影响锚杆锚索锚固程度;并且水对顶板岩体强度的弱化作用使得锚杆(索)既失去了稳定的承载基础,又弱化了预紧力的传递作用,从而加剧了锚杆(索)锚固效果的降低。因此,对于顶板淋水巷道,进行锚杆(索)支护时宜采用防水型树脂锚固剂。

4　近距离采空区下淋水巷道变形破坏规律

工作面巷道开掘之后,地下煤岩体地质环境发生重大变化。巷道四周煤岩体受力状态由三向受力状态转为二向受力状态,巷道围岩应力分布也发生变化,在巷道围岩内产生应力集中。巷道围岩在自重、上覆载荷、垂直应力和水平应力作用下发生塑性破坏,并产生体积扩容现象,导致巷道煤岩体向巷道空间内产生移动,巷道的断面面积减小。当巷道的变形量过大时,将影响巷道的行人、运煤和矿车运行,严重制约工作面的安全高效生产。尤其巷道周围岩体内含水时,根据第 2 章和第 3 章的研究结果,水对煤岩体的裂隙发育和顶板岩层劣化具有明显的促进作用,因此,本章研究近距离采空区下巷道淋水条件时围岩随时间变化的变形运移规律,为淋水巷道围岩控制设计及优化提供依据。

4.1　巷道围岩变形破坏力学特性分析

巷道围岩一般分为三部分,即顶板、底板和两帮。巷道空间形成后,顶板产生弯曲下沉,两帮出现片帮扩容,底板产生底鼓,这三部分共同组成了巷道围岩的变形,因此,本章首先介绍巷道围岩各部分无水条件下的变形破坏机理[124]。

4.1.1　巷道围岩变形破坏机理分析

(1)巷道顶板变形

巷道开挖后,巷道顶板下方失去支撑,顶板在自重及上覆载荷作用下发生弯曲下沉。当巷道顶板岩层比较软弱时,岩层强度较低,变形主要以弯曲下沉为主,如图 4.1(a)所示;当顶板岩层强度较高时,顶板在弯曲下沉过程中,在顶板下表面中部或两支撑端部上表面产生断裂裂隙,这将会加剧顶板的下沉运移,如图 4.1(b)所示。

对于巷道顶板来说,由于巷道沿轴向长度远远大于沿跨向宽度,因此,可以将巷道顶板简化为沿跨向的两端固支梁,其力学模型如图 4.2 所示。

根据弹性力学理论,固支梁的挠度方程为:

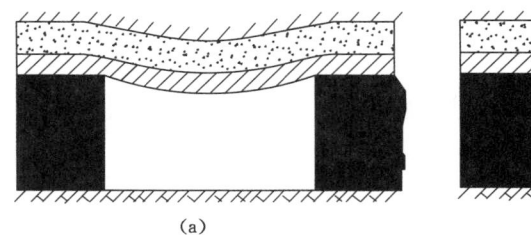 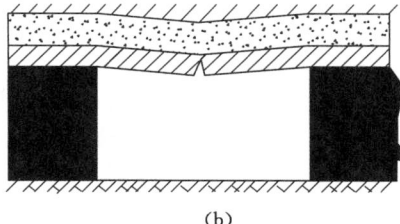

图 4.1　巷道顶板变形破坏模式

(a) 软弱岩层；(b) 坚硬岩层

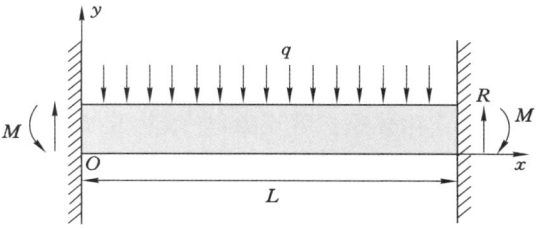

图 4.2　固支梁力学模型

$$w_{顶} = \frac{q}{24EJ}(x^4 + L^3 x - 2Lx^3) \quad (0 < x < L) \tag{4.1}$$

式中　$w_{顶}$——固支梁的挠度，m；

　　　q——巷道顶板上的均布载荷，MPa；

　　　E——巷道顶板的弹性模量，MPa；

　　　L——巷道顶板的宽度，m；

　　　J——巷道顶板的断面惯性矩，m^4。

根据挠度与应力之间的关系，可得固支梁内部弯曲应力的表达式：

$$\sigma_{弯} = \frac{qy}{h^3}(6Lx - 6x^2 - L^2) \quad (0 < x < L) \tag{4.2}$$

式中　$\sigma_{弯}$——顶板岩层内的弯曲应力，MPa；

　　　h——岩层的厚度，m。

根据固支梁弯曲的特点，$x = L/2$ 时，固支梁的挠度最大，即

$$w_{顶 max} = \frac{5qL^4}{384EJ} \tag{4.3}$$

当 $x = 0$ 和 $y = h/2$ 时，弯曲应力最大，即

$$\sigma_{弯 max} = \frac{qL^2}{2h^2} \tag{4.4}$$

式中 $\sigma_{\text{弯max}}$——岩层内最大弯曲应力,MPa。

当 $\sigma_{\text{弯max}} \geqslant \sigma_t$ 时,巷道顶板将发生破断,否则将会处于弹性弯曲下沉状态。

(2)巷道底板变形

井下巷道开挖后,巷道周围煤岩体结构发生变化,原岩应力平衡系统被打破,巷道围岩应力重新分布,并在巷道两帮形成应力集中现象,形成支承压力。支承压力通过煤层传递至底板岩层内,并压缩底板岩体产生二次水平应力。在底板支承压力的作用下,巷道底板两端产生剪切应力,使得底板在一定深度的岩层上方出现拉应变区而下方出现压应变区,当强度较低的岩层受到拉应力时,底板会出现离层现象。当底板岩层出现离层后,其原来共同承载的复合底板岩层将会变成单独承载的分层岩梁,其弹性模量和抗弯刚度将大大降低,若此时底板岩层受到二次水平应力而出现压曲失稳,则将产生底鼓,如图4.3所示[125]。

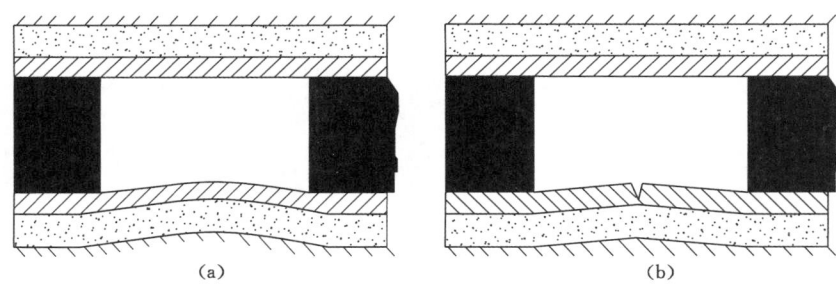

图 4.3 巷道底板变形破坏形式

(a)软弱岩层;(b)坚硬岩层

如图4.4所示,巷道开挖后,底板岩层上方失去阻隔,下方受原场的地应力作用 $q_{\text{地}}$,水平方向受二次水平应力 N,端部底板受到压应力 P。

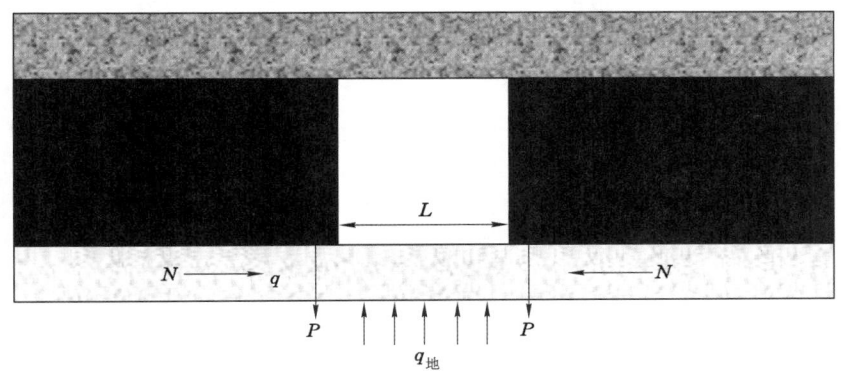

图 4.4 巷道底板变形破坏形式

岩梁受地应力均布载荷的挠度方程为[125]：

$$w_{底1} = \frac{qx}{24EI}(L^3 - 2Lx^2 + x^3)   \tag{4.5}$$

岩梁受到二次水平应力的挠度方程为[125]：

$$w_{底2} = \frac{\sqrt{3}}{6}kx^2 - \frac{\sqrt{6}}{3}x   \tag{4.6}$$

其中：

$$k = \sqrt{\frac{N}{EI}}   \tag{4.7}$$

则底板岩梁总的挠度就等于地应力引起的和二次水平应力引起的挠度之和：

$$w_{底} = w_{底1} + w_{底2} = \frac{qx}{24EI}(L^3 - 2Lx^2 + x^3) + \frac{\sqrt{3}}{6}kx^2 - \frac{\sqrt{6}}{3}x   \tag{4.8}$$

对于底板来说，一般巷道中线位置底鼓量最大，即 $x = L/2$，此时最大挠度为：

$$w_{底max} = \frac{qL^4}{384EI} + \frac{\sqrt{3}kL^2}{24} - \frac{\sqrt{6}}{6}L   \tag{4.9}$$

（3）巷道两帮变形

巷道开挖后，巷道两帮原始应力平衡系统被打破，煤岩体应力重新分布，在煤体岩内形成应力集中，产生压剪破坏，发生应力扩容现象，如图4.5所示[126]。

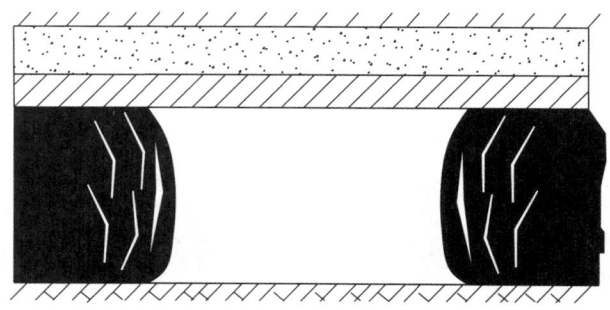

图4.5　巷道煤体的破坏形式

巷道帮部岩体内，支承压力形成后，对巷道两帮煤岩体产生压剪作用，煤岩体发生塑性破坏。由煤壁向里依次为破碎区、塑性区和弹性区，其力学模型如图4.6所示[126]。

如图4.6所示，对于巷道帮部煤体主要受垂直应力 σ_y、支护阻力 Q_i、远场水平应力 σ_x、塑性区煤体与顶底板之间的水平剪应力 τ_{xy} 和顶板的竖向支撑力 P

作用。在各种方向力的共同作用下,煤岩体产生应变位移,包括水平方向上的弹性位移和顶底板间的剪切位移[3]。

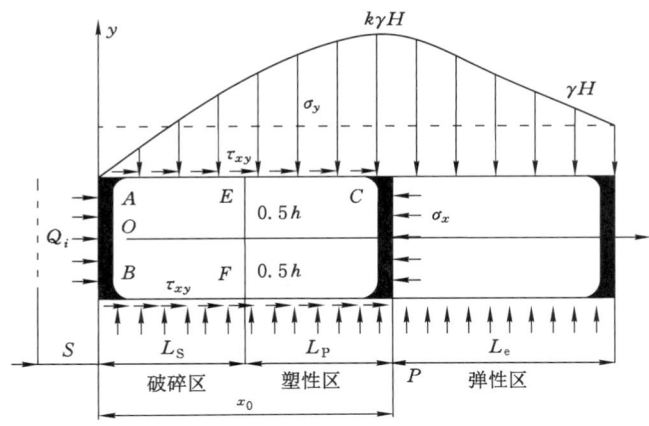

图 4.6　巷道帮部破坏力学模型[126]

巷道帮部煤体位移 S 为[126]:

$$S = -\frac{(hAk\gamma H - Q)x_0}{hE\sqrt{\beta}}\frac{\cosh(\sqrt{\beta}x_0)}{\sinh(\sqrt{\beta}x_0)} - \frac{\Delta h}{h - \Delta h}x_0 \qquad (4.10)$$

其中:

$$\beta = \frac{K_s}{hE} \qquad (4.11)$$

式中　S——巷道帮部煤体的位移,m;

　　　h——巷道设计高度,m;

　　　Δh——巷道开挖后的顶板最大下沉量,m;

　　　A——弹塑性界面上的侧压力系数;

　　　Q——巷道表面的水平作用应力,N;

　　　x_0——极限平衡区宽度,m;

　　　K_s——煤体与顶底板界面的切向刚度系数。

4.1.2　巷道围岩变形流变特性

岩石在恒定的外力作用下,应变随时间而增大所产生的变形[127]称为流变。巷道围岩流变性包括岩体的弹性后效、流动、结构面的闭合和滑移变形。弹性后效是一种延迟发生的弹性变形和弹性恢复,外力卸除后不会留下永久变形。流动是一种随时间延续而发生的永久变形,分为塑性流动和黏性流动,其中,黏性流动是指在微小外力作用下发生的永久变形,塑性流动是指外力达到极限值后才开始发生的塑性变形。闭合和滑移是岩体中结构面的压缩变形和结构面的错动[128]。

巷道开挖后,巷道围岩在应力场作用下发生变形和塑性破坏,破坏后的煤岩体在竖向和水平应力差的作用下发生变形,并且变形随着时间的增长是不可恢复的,因此表现出塑性流动,尤其巷道围岩内含水时,更会加剧巷道的塑性流动特性。另外,破坏的岩块之间相互有摩擦作用力,在应力场作用下,岩体之间发生黏性变化,表现出变形流动。随着时间的变化在塑性流动和黏性流动的共同作用下造成了巷道两帮移近、顶板下沉以及底板底鼓。

4.2　淋水巷道围岩变形数值模拟方案

为了研究淋水巷道随成巷时间推移围岩变形规律,本章通过 FLAC3D 数值模拟软件,建立淋水巷道三维数值模型,通过设置位移监测点,研究成巷初期、成巷中期以及工作面采动影响下巷道围岩变形规律。

4.2.1　本构模型选择

对于煤岩体破坏力学模型,本次试验同样选择莫尔-库仑模型。由于上煤层工作面采空区聚积水,因此,对于采空区处理模拟过程中需运用流体计算模型。为防止工作面开挖后由于水影响造成采空区顶板变形量过大而导致系统性错误,采空区选用双屈服模型处理。

(1)双屈服模型

双屈服模型在考虑剪切和拉伸屈服的基础上,也考虑了永久体积改变导致的体积屈服(体积屈服面称为帽子),其屈服准则为:

剪切屈服函数 $\quad f^s = \sigma_1 - \sigma_3 N_\varphi + 2C\sqrt{N_\varphi}$ (4.12)

张拉屈服函数 $\quad f^t = \sigma_t - \sigma_3$ (4.13)

体积屈服函数 $\quad f^v = \frac{1}{3}(\sigma_1 + \sigma_2 + \sigma_3) + p_c$ (4.14)

$$N_\varphi = (1 + \sin\varphi)/(1 - \sin\varphi)$$

式中　C——黏聚力,MPa;

　　　φ——内摩擦角,(°);

　　　σ_t——抗拉强度,MPa;

　　　p_c——等向固结压力,MPa。

(2)流体计算模型

流体容量的改变与孔隙压力 P、饱和度 s 及力学体积应变 ε 的改变是相关的。相应的本构方程表述如下:

$$\frac{1}{M}\frac{\partial P}{\partial t}+\frac{n}{s}\frac{\partial s}{\partial t}=\frac{1}{s}\frac{\partial \xi}{\partial t}-\alpha\frac{\partial \varepsilon}{\partial t} \tag{4.15}$$

式中　M——Biot 模量；

　　　n——孔隙率；

　　　ξ——流体体积变化量；

　　　α——Biot 系数。

在 FLAC 的公式中，毛细作用是忽略不计的（也就是说当饱和度小于 1 的时候，液体压力等于气体压力），并且在非饱和区域内孔隙压力是恒等于零的。相对流体动态系数与饱和度相关，它受一个饱和度的三次方程的控制。当饱和度为零时相对流体动态系数等于零，当完全饱和时相对流体动态系数为 1，其方程表述如下：

$$\hat{k}(s)=s^2(3-2s) \tag{4.16}$$

在非饱和区域内流体的流动单纯由重力驱动，然而在使初始干燥的介质变得饱和的过程中并不受到重力的影响，重力只控制减饱和的过程。在这种情况下，由于表面渗透率 $\hat{k}(s)$ 随着饱和度的逐渐减小而变为零，因此会有一定程度的残留饱和度存在。

与孔隙介质相对应的本构法则表达形式如下：

$$\breve{\sigma}_{ij}+\alpha\frac{\partial P}{\partial t}\delta_{ij}=H(\sigma_{ij},\xi_{ij}-\xi_{ij}^T,k) \tag{4.17}$$

式中　$\breve{\sigma}_{ij}$——协同转动应力率；

　　　H——本构法则的函数表达式；

　　　k——历程变量；

　　　ξ_{ij}——应变率。

特别的，与有效应力和应变相关的弹性关系表达式为（小应变）：

$$\sigma_{ij}-\sigma_{ij}^0+\alpha(P-P^0)\delta_{ij}=2G(\varepsilon_{ij}-\varepsilon_{ij}^T)+\left(K-\frac{2}{3}G\right)(\varepsilon_{kk}-\varepsilon_{kk}^T) \tag{4.18}$$

式中　上标 0——代表初始状态；

　　　ε_{ij}——应变；

　　　K,G——分别是排水弹性实体的体积和剪切模量。

4.2.2　试验方案

为更好地研究淋水巷道变形随成巷时间的变化，本章建立淋水巷道模型，分别模拟成巷初期、成巷中期和工作面采动影响期三个阶段巷道变形规律，模型尺寸以及材料参数选择参照表 3.1。

（1）采掘方案

首先将上煤层工作面开挖完毕,然后进行下煤层巷道的开挖,巷道宽4.3 m,高2.7 m,每掘进10 m平衡一次,共开挖200 m,开挖过程中,对巷道顶板、两帮、底板的变形进行监测;巷道开挖完成后,进行工作面开采,同样每推进10 m平衡一次,对靠近工作面的巷道变形进行监测。

(2)监测方案

① 成巷初期:在巷道5 m处,设置监测断面1,共布置4个监测点,监测点均位于巷道围岩中线内0.1 m处(监测点1位于顶板,监测点2位于巷道左帮,监测点3位于巷道右帮,监测点4位于巷道底板),分别模拟监测断面距离掘进工作面5 m、15 m、25 m和35 m时巷道围岩变形量。

② 成巷中期:在巷道25 m处,设置监测断面2,共布置4个监测点,监测点均位于巷道围岩中线内0.1 m处(监测点5位于顶板,监测点6位于巷道左帮,监测点7位于巷道右帮,监测点8位于巷道底板),分别模拟巷道掘进190 m和200 m时的围岩变形量。

③ 工作面采动影响期:在巷道45 m处,设置监测断面3,共布置4个监测点,监测点均位于巷道围岩中线内0.1 m处(监测点9位于顶板,监测点10位于巷道左帮,监测点11位于巷道右帮,监测点12位于巷道底板),分别模拟监测断面距回采工作面35 m、25 m、15 m和5 m时巷道围岩变形量。

4.3 淋水巷道围岩变形规律分析

通过FLAC3D数值模拟软件差分计算后,得到巷道掘进初期、成巷中期和工作面采动影响期间巷道围岩变形曲线。

4.3.1 淋水巷道成巷初期围岩变形规律

根据巷道监测面1上4个点的监测值,利用FLAC3D软件的polt hist命令,将数值绘制成曲线,如图4.7～图4.9所示。

(1)巷道顶板下沉量

当巷道顶板淋水时,巷道刚开挖后,即监测点1距离巷道掘进工作面5 m时,巷道顶板迅速下沉,模型仅运行20步,巷道变形量达到0.21 m,随后巷道变形量趋于稳定,如图4.7(a)所示。当巷道监测点1分别距巷道掘进工作面15 m和20 m时,模型运行初期,巷道下沉量基本不变,随着运算进行,顶板下沉速度迅速增大,顶板下沉量与步数呈线性增长,然后顶板下沉速度出现三次变化,并且随时间进行,变形速度越来越小,如图4.7(b)～(c)所示。当巷道监测点1距巷道掘进工作面35 m时,随着模型的运行,巷道顶板下沉量与时间基本呈线性增长关系,但是整个过程巷道的变形量很小,如图4.7(d)所示。

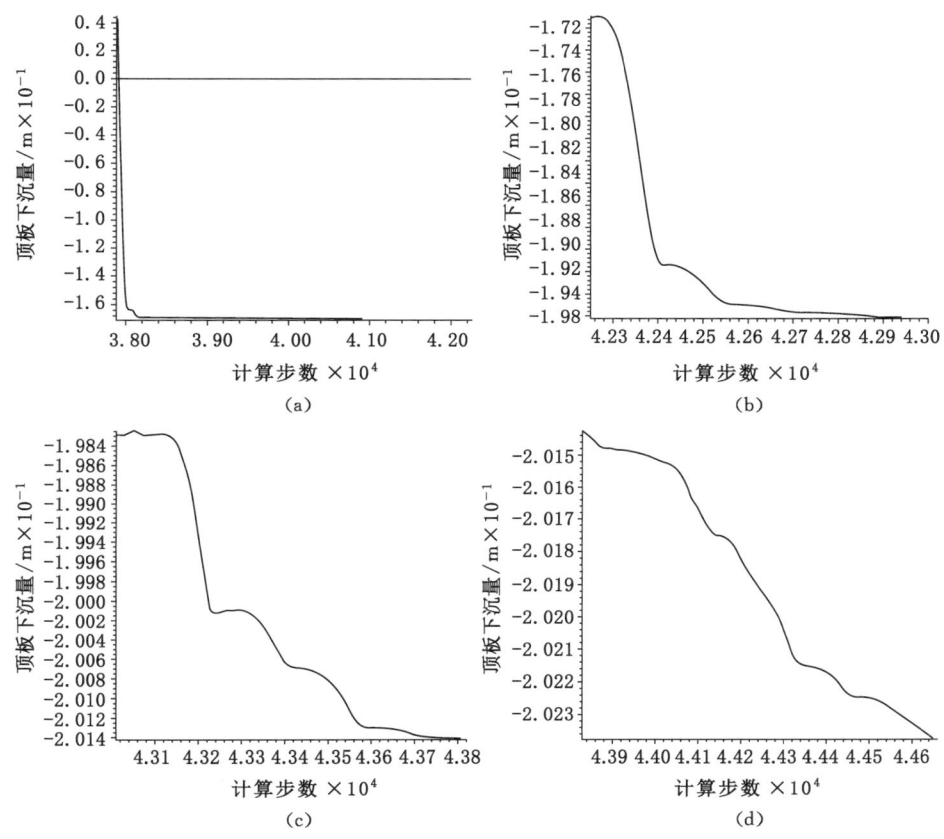

图 4.7　淋水巷道顶板下沉量

（a）距掘进工作面 5 m；（b）距掘进工作面 15 m；

（c）距掘进工作面 25 m；（b）距掘进工作面 35 m

综上所述，当巷道淋水时，巷道成巷初期，顶板下沉量短时间内迅速增大。随着时间的推移，巷道顶板下沉速度降低，最后淋水巷道顶板下沉量与时间基本呈线性增长关系。

（2）巷道帮部变形量

巷道开掘后，巷道帮部变形量同样短时间内迅速增大，并且运行初期变形量与时间呈线性增长关系，随后，巷道左帮变形量趋于稳定，最大变形量为0.05 m，大于无水巷道状态下的，如图 4.8（a）所示。当监测点 2 距离掘进工作面 15 m 时，巷道左帮变形速度明显降低，最后趋于稳定值，如图 4.8（b）所示。当监测点 2 距离掘进迎头 25 m 时，模型运算初期，巷道左帮位移出现回缩波动，

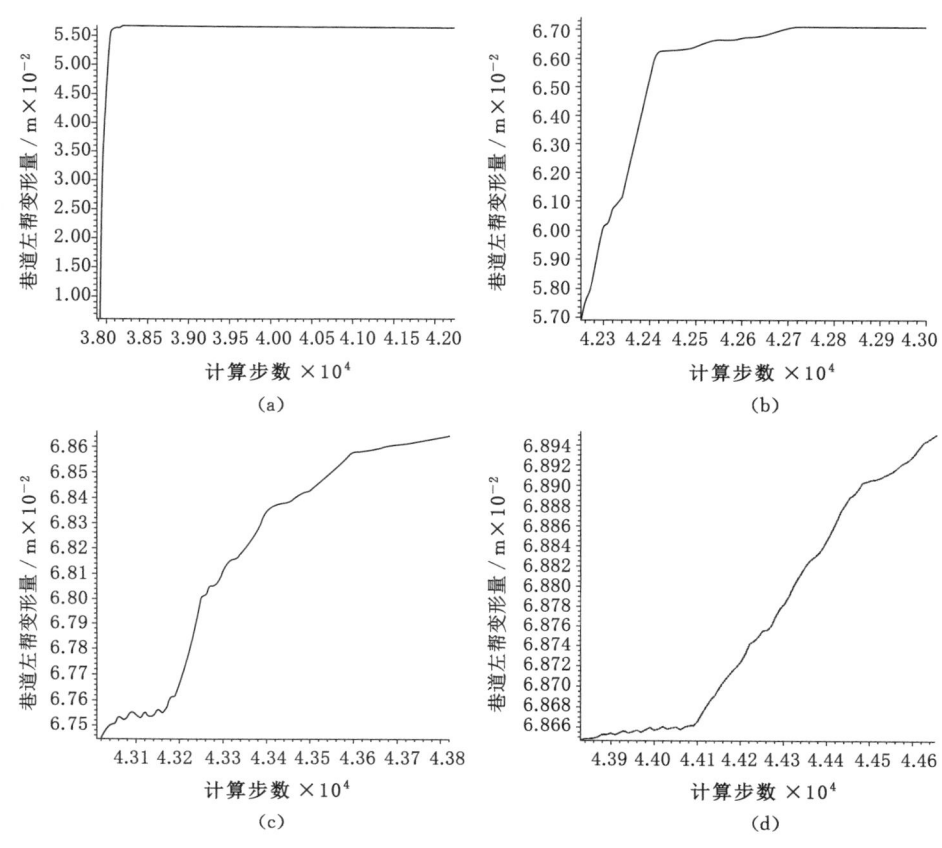

图 4.8 淋水巷道帮部变形量
(a) 距掘进工作面 5 m;(b) 距掘进工作面 15 m;
(c) 距掘进工作面 25 m;(b) 距掘进工作面 35 m

并且帮部变形速度较小,这主要是由于巷道面积新增后,巷道围岩运动尚未充分,围岩应力集中程度减弱,随着围岩运动的进行,巷道应力集中程度恢复,帮部位移继续增大,但巷道帮部整体位移量较小,如图 4.8(c)所示。随着巷道不断掘进,监测点 2 与掘进工作面的距离越大,帮部变形量随着时间推移越趋近于线性增长,如图 4.8(d)所示。

综上所述,淋水巷道帮部变形量主要是刚成巷时产生的,随着时间的推移,帮部变形速度逐渐减小,帮部变形量与时间约呈线性增长关系。

(3) 巷道底板底鼓量

对于淋水巷道底板底鼓量,巷道开挖之后,底板底鼓速度迅速增大,短时间

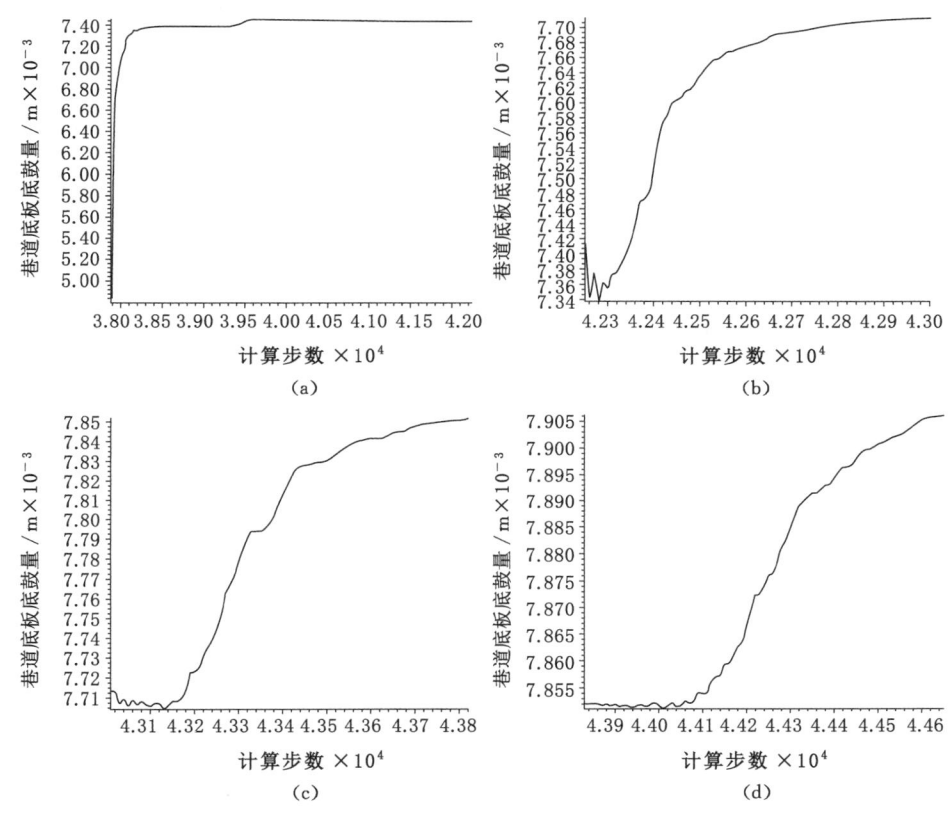

图 4.9 淋水巷道底板底鼓量

（a）距掘进工作面 5 m；（b）距掘进工作面 15 m；
（c）距掘进工作面 25 m；（b）距掘进工作面 35 m

底板底鼓量达到阶段性最大，如图 4.9（a）所示。随着巷道掘进工作的进行，巷道底板底鼓速度明显减小，如图 4.9（b）所示。当监测点 4 分别距掘进工作面 25 m 和 35 m 时，模型运行初期，巷道底鼓速度较小，随着模型的运行，底板底鼓速度增大。整个运行阶段，巷道底板底鼓量曲线与时间呈"S"形增大关系，如图 4.9（d）所示。

综上所述，巷道成巷初期，巷道底板底鼓速度迅速增大，并在短时间内底鼓量达到阶段性最大；随着巷道的不断掘进，底板底鼓速度明显降低，底鼓量与时间呈"S"形曲线增长形式。

由上述分析可知，淋水巷道成巷初期，巷道围岩变形破坏具有以下规律：

① 巷道成巷初期，顶板下沉速度、帮部变形速度和底板底鼓速度迅速增大，

并在短时间内巷道各类危险变形达到阶段性最大值,并且该阶段变形量占整个巷道初期变形量的80%以上。

② 随着巷道的不断掘进,监测点距离掘进工作面的距离越来越大,巷道围岩变形速度逐渐减小。在下一个步距掘进初期,围岩应力集中程度降低,巷道各类变形出现一定程度回缩现象。随着时间的推移,巷道顶板下沉量和帮部位移量与时间呈线性增长关系,底板底鼓量与时间呈"S"形曲线增长关系。

4.3.2 淋水巷道成巷中期围岩变形规律

(1)巷道顶板下沉量

图 4.10 为淋水巷道成巷中期顶板下沉量曲线,从图中可以看出,巷道成巷中期,巷道的顶板下沉量极小,顶板岩层进入流变阶段,巷道顶板下沉量与时间近似呈线性增长关系,如图 4.10(a)、(b)所示。

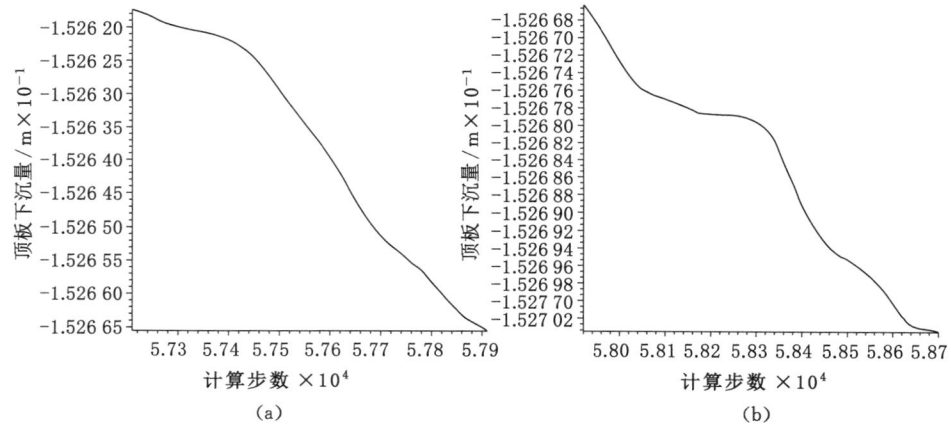

图 4.10 淋水巷道顶板下沉量
(a)距掘进工作面 165 m;(b)距掘进工作面 175 m

(2)巷道帮部变形量

图 4.11 为淋水巷道成巷中期帮部变形量曲线,从图中可以看出,巷道成巷中期,巷道的帮部变形量极小,巷道帮部进入流变阶段,但是整个过程,帮部变形与时间呈非线性增长关系,如图 4.11(a)、(b)所示。

(3)巷道底板底鼓量

图 4.12 为淋水巷道成巷中期底板变形曲线,从图中可以看出,巷道成巷中期,巷道的底板发生回缩现象,但回缩量较小;整个运算过程,底板变形量与时间呈"S"形减小关系,如图 4.12(a)、(b)所示。

综上所述,淋水巷道成巷中期,巷道围岩变形速度和变形量极小,整个阶段

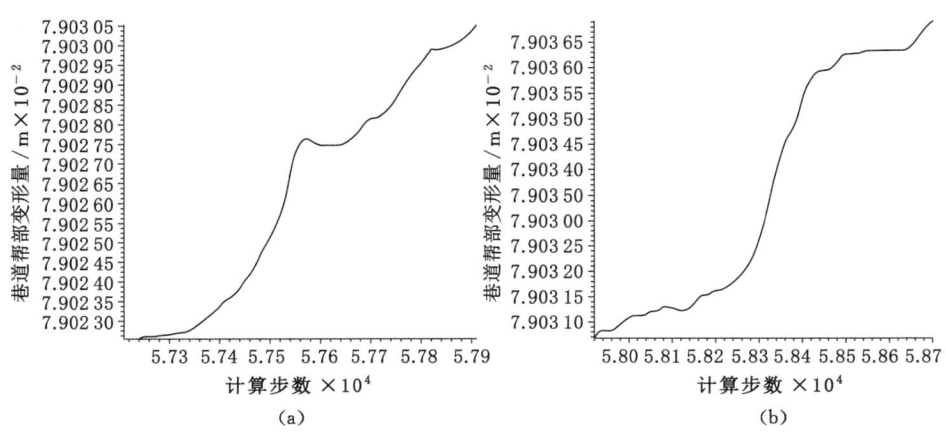

图 4.11 淋水巷道帮部变形量

（a）距掘进工作面 165 m；（b）距掘进工作面 175 m

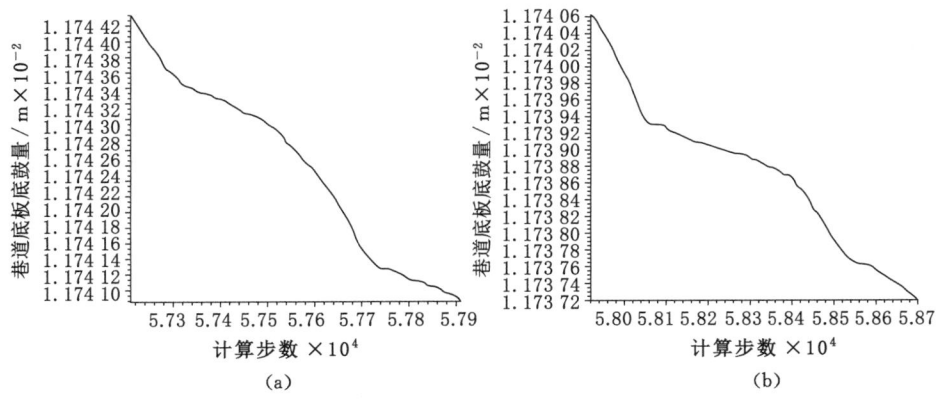

图 4.12 淋水巷道底板底鼓量

（a）距掘进工作面 165 m；（b）距掘进工作面 175 m

巷道围岩处于流变变形阶段；其中，巷道顶板下沉量与时间近似呈线性增长关系，帮部变形与时间呈非线性增长关系，底板发生微小的回缩现象，底板变形量与时间呈"S"形减小关系。

4.3.3 工作面采动作用淋水巷道围岩变形规律

（1）巷道顶板下沉量

工作面自开切眼后，随着工作面开采范围的增大，采空区周围将会形成应力集中区，该应力集中作用在煤岩体上，导致煤岩体的变形加剧。

当工作面推进 10 m 时,模型运行初期,顶板下沉量较小;随着运算的进行,巷道顶板下沉速度快速增大,顶板下沉量相对于成巷中期明显增大;在运算到 60 000 步时,巷道顶板下沉速度出现拐点,下沉速度减小;整个平衡过程,顶板共下沉 0.005 5 m,如图 4.13(a)所示。随着工作面继续推进,工作面开挖初期,顶板下沉速度较小,随着顶板悬露时间的增加,顶板下沉速度开始增大,如图 4.13(a)和(b)所示。当巷道推进 20 m 时,整个平衡过程顶板下沉约 0.01 m;当工作面推进 30 m 时,整个平衡过程,顶板下沉约 0.012 m。当工作面推进到 40 m 时,工作面推进后,顶板下沉速度立即增大,顶板快速下沉。顶板下沉量随时间呈指数增长,如图 4.13(d)所示。

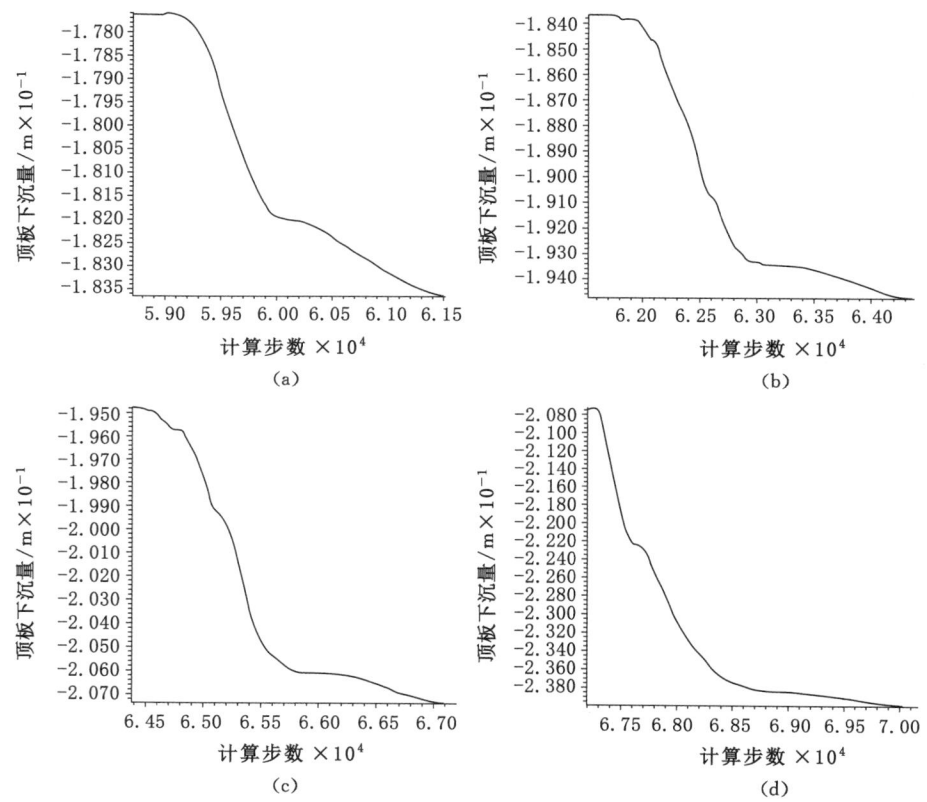

图 4.13 淋水巷道顶板下沉量

(a) 距回采工作面 35 m(开采 10 m);(b) 距回采工作面 25 m(开采 20 m);

(c) 距回采工作面 15 m(开采 30 m);(d) 距回采工作面 5 m(开采 40 m)

综上所述,随着与工作面距离的减小,巷道顶板下沉速度明显增大,采动应力对顶板下沉的影响越来越显著。距离煤壁越近,一个进尺平衡过程,顶板下沉量越大,且顶板下沉量随时间呈指数性增长。

(2)巷道帮部变形量

工作面开挖后,随着悬露时间的增长,巷道帮部变形速度逐渐增大,并且一段时期内,巷道帮部变形量与悬露时间呈线性增长关系。当模型运行到 60 000 步时,巷帮变形速度降低,但巷道帮部变形量与时间依然保持近似线性增长关系,如图 4.14(a)所示。随着工作面开采范围的增大,巷道帮部变形速度逐渐增大,帮部变形量与悬露时间呈线性增长关系。巷道帮部变形一段时间后,变形量逐渐趋于稳定。随着与工作面距离的减小,一个回采进尺内,巷道帮部位移量逐渐增大,如图 4.14(b)~(d)所示。

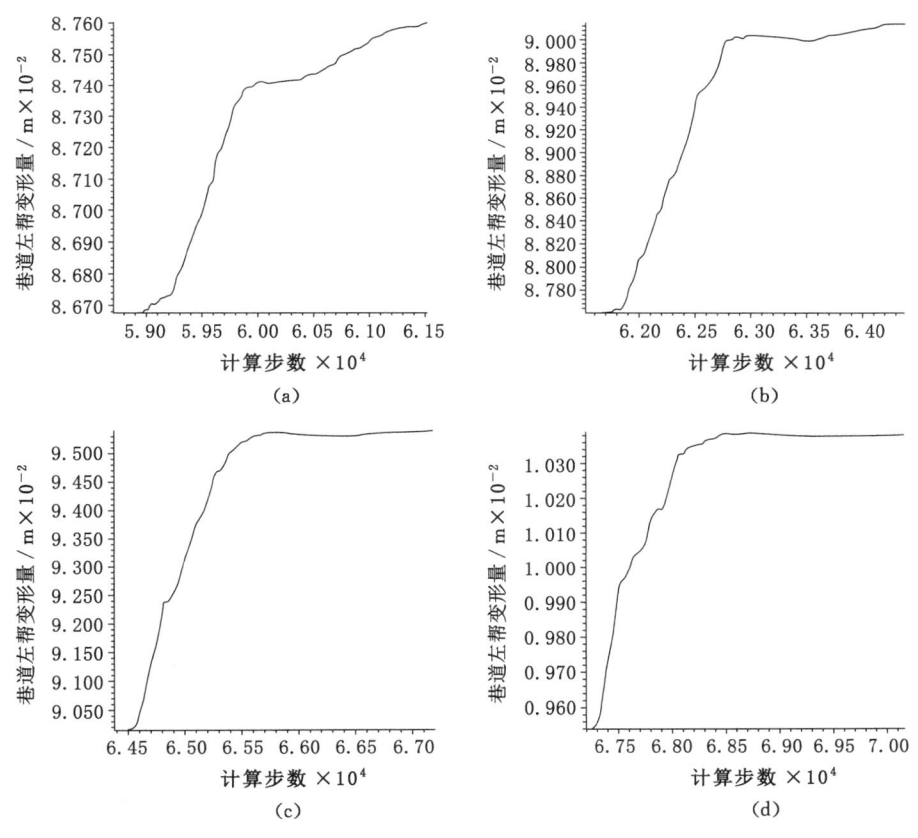

图 4.14　淋水巷道帮部变形量
(a)距回采工作面 35 m(开采 10 m);(b)距回采工作面 25 m(开采 20 m);
(c)距回采工作面 15 m(开采 30 m);(d)距回采工作面 5 m(开采 40 m)

综上所述,随着与工作面距离的减小,巷道帮部变形速度逐渐增大,帮部变形量与悬露时间呈线性增长关系;单个回采进尺内,巷道帮部位移随与工作面距离的减小逐渐增大。

(3) 巷道底板底鼓量

图 4.15 为工作面开采期间淋水巷道底板变形量曲线,由图 4.15(a)可以看出,顶板距离工作面较远时,受工作面开采影响程度较小,巷道底板变形在模型运行初期出现阶段性的增大现象,随后底板进入回缩阶段。当工作面推进到 20 m 时,巷道底板底鼓程度明显,但随模型运算的进行底板同样进入回缩阶段,如图 4.15(b)所示。随着工作面开采范围的不断扩大,监测点距离工作面越来越近,巷道底板的底鼓速度增大,底鼓量也增大,模型运行后期,巷道底板的回缩程度逐渐减弱,如图 4.15(c)和(d)所示。

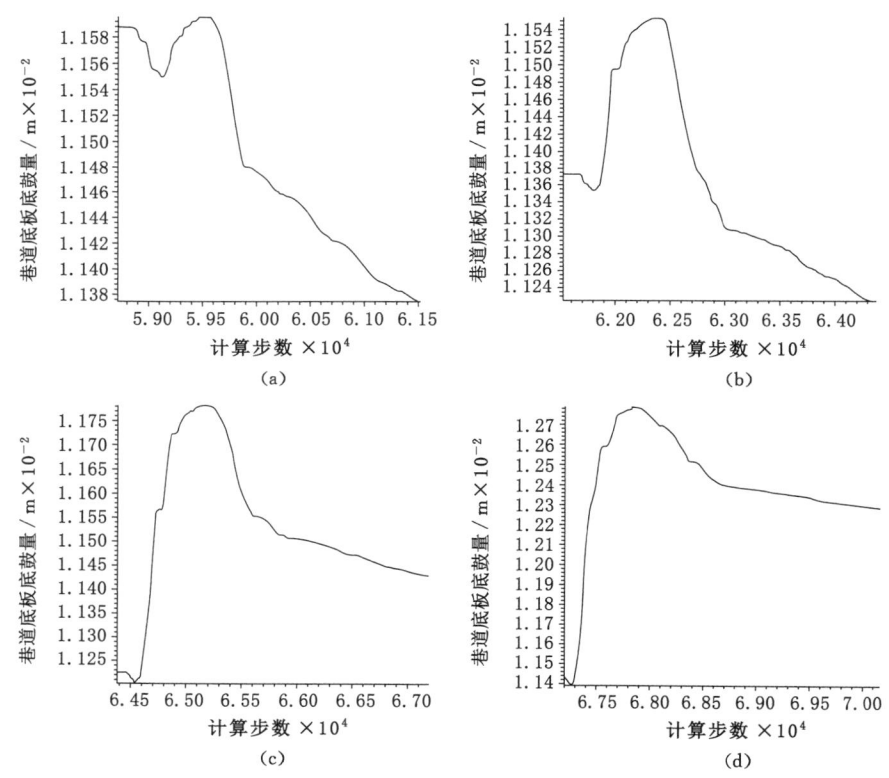

图 4.15　淋水巷道底板变形量

(a) 距回采工作面 35 m(开采 10 m);(b) 距回采工作面 25 m(开采 20 m);

(c) 距回采工作面 15 m(开采 30 m);(d) 距回采工作面 5 m(开采 30 m)

综上所述,巷道距离工作面较远时,底板出现明显的回缩现象;随着与工作面距离的减小,巷道底板底鼓速度增大,底鼓量也显著增大,底板回缩程度明显减弱。

由上述分析可知,工作面开采期间,淋水巷道围岩变形规律如下:

① 随着距工作面距离的减小,巷道顶板下沉速度明显增大,采动应力对顶板下沉的影响越来越显著。距离煤壁越近,一个进尺平衡过程内,顶板下沉量越大,且顶板下沉量随时间呈指数增长。

② 随着距工作面距离的减小,巷道帮部变形速度逐渐增大,帮部变形量与悬露时间呈线性增长;单个回采进尺内,巷道帮部位移随与工作面距离的减小逐渐增大。

③ 巷道距离工作面较远时,底板出现明显的回缩现象;随着与工作面距离的减小,巷道底板底鼓速度增大,底鼓量也显著增大,底板回缩程度明显减弱。

4.3.4　淋水巷道变形时间效应

自巷道开始开挖,巷道围岩受力由三向受力变为二向受力,巷道顶底板以及两帮开始发生变形。工作面开采时,采场围岩应力增大,将对巷道围岩变形产生影响。图 4.16～图 4.18 为巷道自掘进成巷到进入采空区顶板下沉、帮部变形和底板底鼓的整个变形过程。

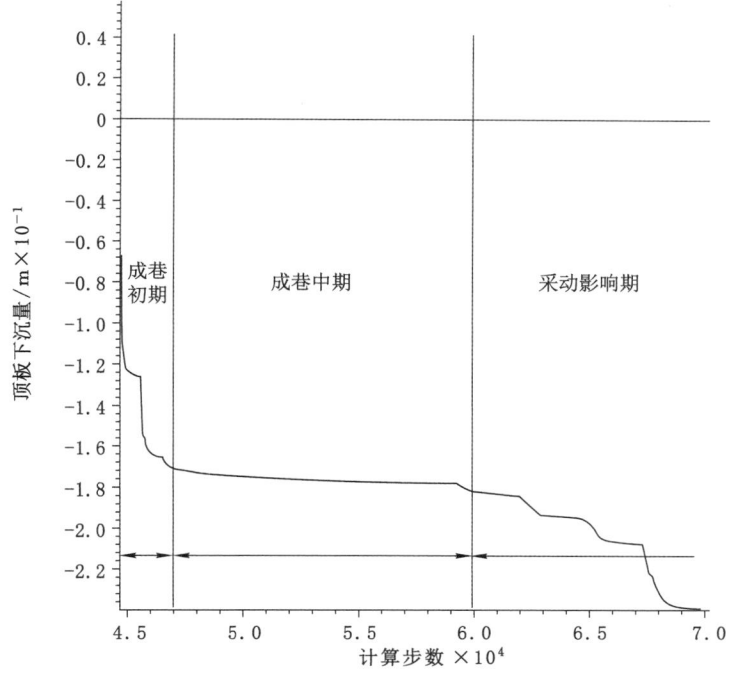

图 4.16　淋水巷道顶板下沉曲线

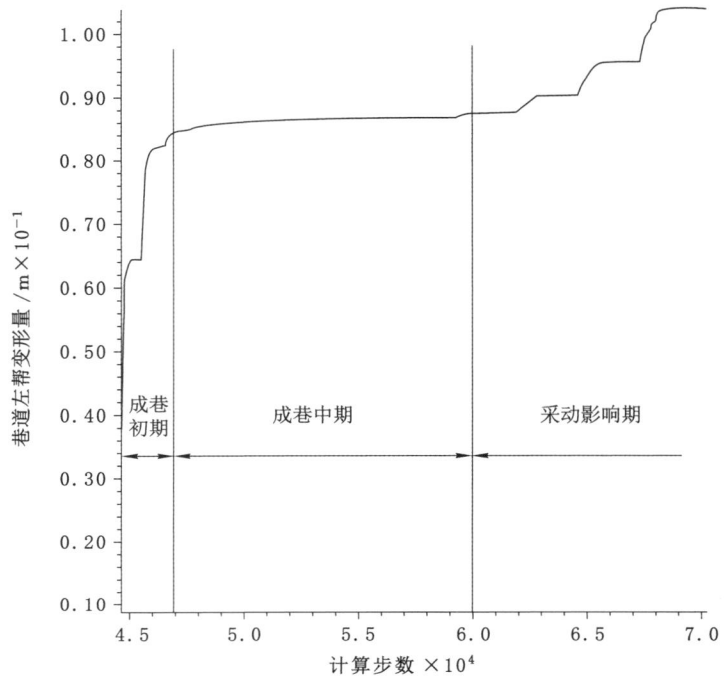

图 4.17　淋水巷道帮部变形曲线

（1）巷道顶板下沉量

巷道掘出后，顶板失去支撑，在岩层自重及上覆载荷作用下发生弯曲下沉，如图 4.16 所示。从图中可以看出，巷道掘进期间，巷道顶板下沉量主要是在成巷初期产生的，顶板下沉速度最大。初期下沉量随时间呈线性快速增长，后期呈指数型增长趋势，顶板下沉量为 0.21 m；随着巷道掘进的进行，进入成巷中期，此阶段顶板下沉速度较小，顶板岩层进入流变阶段，顶板下沉量与时间呈线性增长关系，如图 4.16 中的成巷中期。工作面开采后，随着监测点与工作面距离的减小，巷道顶板下沉速度再次增大，如图 4.16 中的采动影响期，当监测点距离工作面较远时，顶板下沉量呈台阶式增大变化；当监测点距离工作面较近时，超前支承压力对顶板下沉量影响较大，下沉速度迅速增大，下沉量进入再次增大阶段，直到进入采空区。

（2）巷道帮部变形量

巷道掘进后，巷道两帮煤岩体由三向受力状态变为二向受力状态，原有应力平衡被打破，巷道围岩应力重新分布，在两帮内形成应力集中。巷道围岩在应力

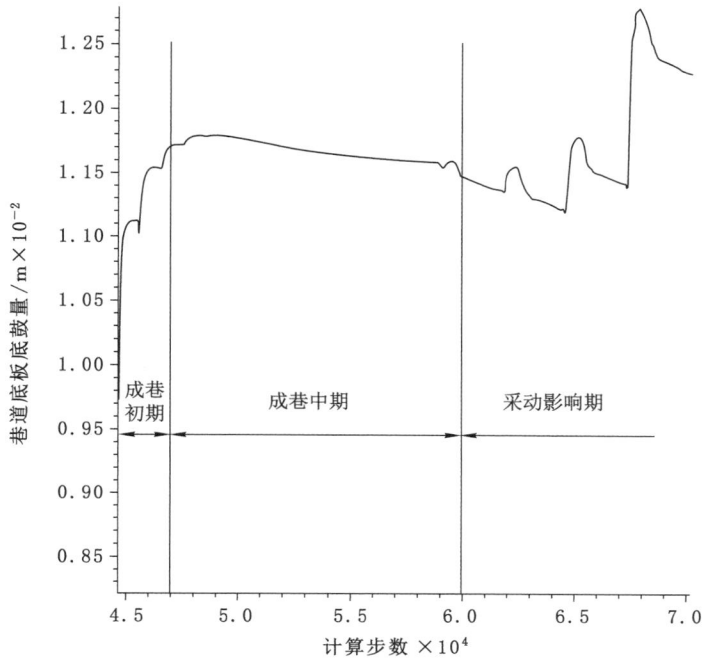

图 4.18　淋水巷道底板变形曲线

集中的影响下产生变形破坏,两帮煤岩体向巷道空间内产生位移。由图 4.17 淋水巷道帮部变形曲线可以看出,巷道成巷初期,巷道帮部变形速度最大,帮部煤岩体快速运移,变形量与时间呈线性增长关系。随着监测点距离掘进工作面越来越远,巷道帮部变形速度逐渐减小,帮部变形量与时间逐渐变为负指数形增长。随着巷道掘进成巷时间的增加,当巷道进入成巷中期,巷道变形速度迅速减小。帮部煤岩体在长时间的运移过程中,变形量较小,并且变形量与时间呈稳定的线性增长关系。工作面开采过程中,巷道距离工作面较远时,超前支承压力对巷道帮部的影响较小,帮部的变形速度也较小,并且随着进尺的循环推进,变形量呈台阶状增加。随着巷道与工作面距离的减小,巷道帮部变形速度逐渐增大,并且变形持续时间不断增加,直到巷道进入采空区。

　　(3) 巷道底板底鼓量

　　巷道掘出后,巷道底板上部失去载荷作用,巷道底板在集中应力产生的侧压力以及远场应力的作用下产生向上的弯曲变形。从图 4.18 淋水巷道底板变形曲线可知,巷道成巷初期,底板底鼓速度较大,底部变形量迅速增大,变形量随成巷时间变化呈线性增长;随着巷道成巷时间的增加,巷道底板变形速度逐渐减小，在成巷初期的后半段，巷道底板变形出现台阶式的增长。随着成巷时间的增加，巷道进入成巷中期，此时巷道底板变形变为负增长，底板出现回缩现象。整个巷道成巷中期，巷道底板一直发生回缩现象，并且回缩量与时间呈线性关系，但整个成巷中期巷道底板总回缩量不大。这主要是由于随着成巷时间的增加，巷道两帮塑性破坏区范围逐渐增大，支承压力向深部转移，支承压力所产生的侧压力对巷道中部影响减小了，因为产生一定的回缩现象。当工作面开采后，随着监测点与工作面距离的减小，巷道底板变形出现增长和回缩现象，呈跳跃式变化，但是随超前支承压力影响程度的增加，巷道底板变形整体呈增长趋势，直到进入采空区卸压区，巷道回缩速度增大，如图 4.18 采动影响期所示。

综合上述分析，巷道自成巷到进入工作面采空区，整个过程分为成巷初期和成巷中期以及采动影响期三个阶段，成巷初期和采动影响期是巷道变形量最大的两个阶段。成巷初期，巷道变形速度最大，巷道变形量与成巷时间呈线性增长关系，随着成巷时间的增长，巷道变形速度逐渐减小。在成巷中期，巷道变形速度较小，巷道围岩进入流变阶段，变形量与时间呈线性关系，其中顶板下沉量和两帮变形量与成巷时间呈线性增长关系，底板变形量与成巷时间呈线性减小关系。在采动影响区，当巷道距离工作面较远时，巷道顶板下沉量和帮部变形量呈台阶状增长。随着巷道距离工作面越近，超前支承压力对巷道围岩的变形破坏影响越大，巷道变形速度和变形量越来越大，直到进入采空区。

4.4 本章小结

本章在理论分析的基础上，利用 FLAC 数值模拟，建立淋水巷道变形破坏模型，研究淋水巷道围岩随时间变化的变形破坏规律，得到如下结论：

① 巷道自成巷到进入工作面采空区，整个过程分为成巷初期和成巷中期以及采动影响期三个阶段，成巷初期和采动影响期是巷道变形量最大的两个阶段。

② 成巷初期，巷道变形速度最大，巷道变形量与成巷时间呈线性增长关系，随着成巷时间的增长，巷道变形速度逐渐减小。

③ 成巷中期，巷道变形速度较小，巷道围岩进入流变阶段，变形量与时间呈线性关系，其中顶板下沉量和两帮变形量与成巷时间呈线性增长关系，底板变形量与成巷时间呈线性减小关系。

④ 在采动影响期，当巷道距离工作面较远时，巷道顶板下沉量和帮部变形量呈台阶状增长。随着巷道距离工作面越近，超前支承压力对巷道围岩的变形破坏影响越大，巷道变形速度和变形量越来越大，直到进入采空区。

5　近距离采空区下淋水巷道控制技术研究

对于近距离采空区下淋水巷道来说,巷道发生破坏的主要原因就是上部煤层开采对下部煤层产生影响,主要表现为巷道顶板离层及顶板岩层裂隙发育甚至于碎裂等更加严重的破坏形态,从而导致开采下部煤层时巷道支护困难,并且当上部煤层采空区存在积水时,积水可能会沿着下部煤层顶板裂隙流向下部煤层巷道,导致巷道发生淋水,难于支护。本章提出了近距离采空区下淋水巷道控制原则,通过研究锚杆锚索对巷道顶板裂隙岩体、顶板离层的控制作用,提出锚杆锚索联合支护方案,研究了锚杆间距、锚杆预紧力以及锚索预紧力等支护参数对巷道围岩稳定的影响。

5.1　近距离采空区下淋水巷道控制原则

从现场实测与理论分析可知,团柏煤矿 11# 煤层巷道顶板裂隙发育,主要分为以下三层:① 下层裂隙发育区,岩层较破碎;② 中层岩层完整区,一般裂隙不发育或仅有较少竖向或水平裂隙发育,但岩层相对比较完整;③ 上层裂隙发育区,此区域主要由于上煤层工作面开采超前支承压力在底板中传播造成的岩体压剪破坏以及水平应力产生的弯拉破坏,并在岩层水的作用下,裂隙较发育,岩体破碎。对于团柏煤矿 11# 煤层巷道来说,由于上部 10# 煤层开采时,应力重新分布,影响了 11# 煤层的顶板,使得 11# 煤层顶板裂隙发育,较为破碎,并出现离层,11# 煤层巷道难于支护主要来源于顶板的破坏。

针对近距离采空区下淋水巷道围岩变形破坏特征,结合工程经验,提出近距离采空区下淋水巷道控制原则:

① 先排后支。采用先排水后支护的措施,对于淋水较大的区域,采取疏排水的措施,减少水对顶板的劣化,尤其是对软弱夹层的侵蚀。对于涌水的区域,可采取向顶板打孔注浆的方式,从源头上减少水的流量,疏排水之后再对巷道进行支护。

② 控制顶板裂隙发展。采用高强锚杆锚索支护的主动支护体系,并选用防水能力强的锚固剂,防止锚固剂遇水劣化,增大锚固界面的黏结力,提高锚固体抗拔力,及时控制顶板岩体早期出现的裂隙,防止裂隙继续发展,保证巷道围岩的完整性。

③ 控制顶板离层。采用高预应力锚杆锚索支护体系,在掘进支护初期施加高预紧力,防止顶板岩层间出现离层导致的顶板下沉。

5.2 锚杆锚索支护机理分析

锚杆支护的主要作用在于控制锚固区围岩的离层、滑动、裂隙张开、新裂纹产生等扩容变形与破坏,尽量使围岩处于受压状态,抑制围岩弯曲变形、拉伸与剪切破坏的出现,最大限度地保持锚固区围岩的完整性,提高锚固区围岩的整体强度和稳定性[129]。

正确地设计和应用锚杆支护,必须对锚杆支护机理有正确的认识,并以完善的锚杆支护理论作为指导。传统的锚杆支护理论有悬吊理论、组合梁理论、组合拱(压缩拱)理论、最大水平应力理论。近年来,随着锚杆支护理论研究的不断深入,各种新的锚杆支护理论不断提出,并在工程实践中得到完善和发展,极大地推进了锚杆支护技术在巷道支护中的应用,特别是为煤巷和软岩巷道的锚杆支护提供了新的理论指导[88,130-133]。锚杆与其锚固范围内的锚固体构成一种锚固支护体,在锚杆的约束与抗剪作用下,使塑性破坏后易于松动的煤岩体形成具有一定承载能力并可适应围岩变形的锚杆平衡拱,从而提高顶板的整体性,防止顶板松散冒落。从巷道纵向看,锚杆支护形成的锚固平衡拱是掘进工作面空顶区上方顶板自稳的基础。因此,采用高预紧力高强锚杆支护可以有效地阻止顶板岩层松散冒落。

5.2.1 锚杆锚索控制裂隙发展机理分析

对于裂隙岩体来说,锚杆支护是一种行之有效的支护手段。前面研究了渗透作用下裂隙岩体发生滑移、劈裂和裂隙扩展等破坏形式的应力极限平衡状态,下面研究淋水条件下锚杆支护后裂隙岩体滑移和劈裂破坏形式的极限平衡状态,如图 5.1 所示。首先对淋水条件下锚杆极限抗拔力进行研究。

5.2.1.1 淋水条件下锚杆极限抗拔力研究

假设锚杆一直处于弹性状态,其锚固界面本构模型为图 5.2 中①部分,此阶段对应于弹性阶段,接触面上剪应力与剪切位移成比例变化。在此阶段,接触面处于无损状态。此段模型的剪应力-剪切位移关系可表示为:

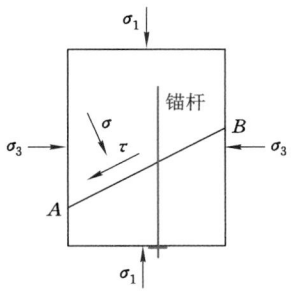

图 5.1 加锚裂隙岩体受力图

$$\tau = K_1 u \tag{5.1}$$

式中 τ——剪应力,MPa;

  u——剪切位移,m;

  K_1——无淋水时界面刚度系数,可通过实验确定。

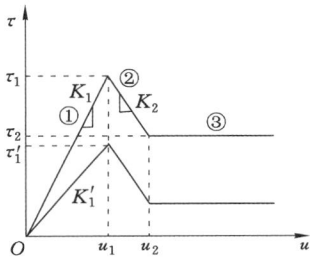

图 5.2 围岩体与锚固体界面本构模型

为研究淋水条件下锚固界面本构模型,引入锚固界面刚度系数淋水劣化因子 D^m,定义:

$$D^m = \frac{K_1 - K'_1}{K_1} \tag{5.2}$$

式中 K'_1——淋水时界面刚度系数。

其中 D^m 在 0~1 范围内变化,当没有淋水时,$D^m = 0$;当淋水量大锚固界面胶结作用完全消失时,$D^m = 1$。

建立淋水时剪应力-剪切位移关系,可表示为:

$$\tau = (1 - D^m)K_1 u \tag{5.3}$$

当锚固体与围岩体接触界面上的剪应力小于界面的抗剪强度时,界面处于完全弹性状态,没有发生相对位移,锚固体与围岩体两者满足变形协调关系,锚固体受力分析如图 5.3 所示。

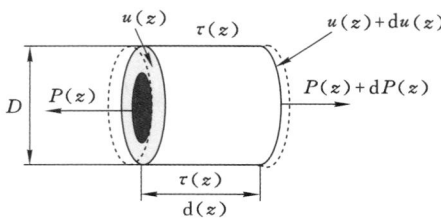

图 5.3　锚固体受力分析图

假设锚固体直径为 D，弹性模量为 E_m，锚杆弹性模量为 E_b，锚杆直径为 d，锚固长度为 L_b，锚杆与锚固体共同变形，无相对滑动，接触界面侧摩阻力为 τ，是剪应力与剪切位移的函数。锚固体材料符合胡克定律，某深度 z 处的锚固体位移 $u(z)$ 和锚杆轴力 $P(z)$ 之间的关系可表示为：

$$\frac{\mathrm{d}u(z)}{\mathrm{d}z} = -\frac{4P(z)}{\pi D^2 E_a} \tag{5.4}$$

式中　E_a——锚固体的等效弹性模量，MPa。

其中：$E_a = \dfrac{E_m(D^2 - d^2) + E_b d^2}{D^2}$。

根据锚固体上任一单元体的静力平衡条件，深度 z 处的锚固体侧摩阻力 $\tau(z)$ 可表示为：

$$\frac{\mathrm{d}P(z)}{\mathrm{d}z} = -\pi D \tau(z) \tag{5.5}$$

结合式（5.4）和式（5.5）就可以得到式（5.6）中某深度 z 处的侧摩阻力 $\tau(z)$ 和相应位置处锚固体位移 $u(z)$ 之间关系的荷载传递微分方程。

$$\frac{\mathrm{d}^2 u(z)}{\mathrm{d}z^2} - \frac{4\tau(z)}{DE_a} = 0 \tag{5.6}$$

当锚固界面处于完全弹性状态，杆体与灌浆体不发生相对滑动时，对于荷载传递微分方程中的 $\tau(z)$ 见式（5.3）。

将式（5.3）代入式（5.6）可得：

$$\frac{\mathrm{d}^2 u(z)}{\mathrm{d}z^2} - \frac{4(1 - D^m)K_1 u}{DE_a} = 0 \tag{5.7}$$

解得微分方程为：

$$u(z) = C_1 \cosh(\lambda z) + C_2 \sinh(\lambda z) \tag{5.8}$$

式中 $\lambda = \sqrt{\dfrac{4(1 - D^m)K_1}{DE_a}}$。

引入锚固体边界条件：

$$\begin{cases} \dfrac{E_a D^2 \pi \mathrm{d}u(z)}{4\mathrm{d}z}\bigg|_{z=0} = -P \\[4mm] \dfrac{E_a D^2 \pi \mathrm{d}u(z)}{4\mathrm{d}z}\bigg|_{z=L_b} = 0 \end{cases} \tag{5.9}$$

可得：

$$P(z) = \frac{\sinh\left[\lambda(L_b - z)\right]}{\sinh(\lambda L_b)}P \tag{5.10}$$

将式(5.10)代入式(5.5)可得锚固体侧摩阻力为：

$$\tau(z) = \frac{\lambda \cosh\left[\lambda(L_b - z)\right]}{\pi D \sinh(\lambda L_b)}P \tag{5.11}$$

当锚固界面处于弹塑性临界状态时，$z=0$ 处侧摩阻力刚好达到界面极限黏结强度，如图 5.2 中①阶段，此时淋水条件下 $\tau(z) = (1-D^m)\tau_1$，可得锚固体极限抗拔力为：

$$P_{ult} = \frac{\pi D (1-D^m)\tau_1 \tanh(\lambda L_b)}{\lambda} \tag{5.12}$$

从式(5.12)中可以看出，淋水条件下锚固体极限抗拔力与锚固体直径 D、锚固长度 L_b、锚固体的等效弹性模量 E_a、淋水劣化因子 D^m 及界面刚度系数 K_1 等因素有关。

5.2.1.2 渗透作用裂隙岩体锚固作用力学分析

（1）当裂隙岩体处于滑移破坏情况

取裂隙岩体裂隙面上部岩体进行分析，建立如图 5.4 所示的力学模型。

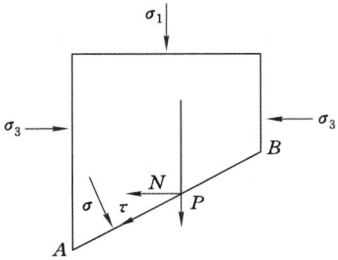

图 5.4　加锚裂隙岩体滑移破坏受力图

对于锚杆来说，裂隙面对锚杆的作用力可分解为剪应力 N 和拉应力 P，从图 5.4 中几何关系可以得出：

$$
\begin{cases}
N = (\tau' - c - \tan \phi \sigma') \cos \alpha \\
P = (\tau' - c - \tan \phi \sigma') \sin \alpha
\end{cases}
\tag{5.13}
$$

由前文分析可知,式(5.13)裂隙面上的正应力 σ' 和切应力 τ' 分别见式(2.4)和式(2.5)。

对于裂隙岩体锚杆支护来说,当锚杆发生破坏时,主要有两种破坏形式:一是沿着裂隙面发生剪切破坏;二是锚杆与岩体发生滑移破坏,导致锚固失效。

假设锚杆杆体的剪切强度为 τ_b,则当 $N = \tau_b$ 时,锚杆将处于剪切破坏的极限平衡状态。

由式(5.13)和式(2.4)、式(2.5)整理可得:

$$
\sigma_1 = \sigma_3 + \frac{2(c + \sigma_3 \tan \phi - p \tan \phi + \tau_b / \cos \alpha)}{\sin 2\alpha - \cos 2\alpha \tan \phi - \tan \phi}
\tag{5.14}
$$

即当 $\sigma_1 = \sigma_3 + \dfrac{2(c + \sigma_3 \tan \phi - p \tan \phi + \tau_b / \cos \alpha)}{\sin 2\alpha - \cos 2\alpha \tan \phi - \tan \phi}$ 时,裂隙面锚杆体将处于发生剪切破坏的极限平衡状态。

假设锚固界面处于完全弹性状态,由前面分析可知,淋水条件下锚固体的极限抗拉力为 $P_{ult} = \dfrac{\pi D (1 - D^m) \tau_1 \tanh(\lambda L_b)}{\lambda}$,所以,当 $P \dfrac{\pi D^2}{4} = P_{ult}$ 时,锚固体与岩体将处于界面滑移破坏的极限平衡状态,此时最大主应力与最小主应力满足:

$$
\sigma_1 = \sigma_3 + \frac{2\left[c + \sigma_3 \tan \phi - p \tan \phi + 4(1 - D^m) \tau_1 \tanh(\lambda L_b) / D\lambda \sin \alpha\right]}{\sin 2\alpha - \cos 2\alpha \tan \phi - \tan \phi}
\tag{5.15}
$$

(2) 当裂隙岩体处于劈裂破坏情况

建立如图5.5所示受力图。

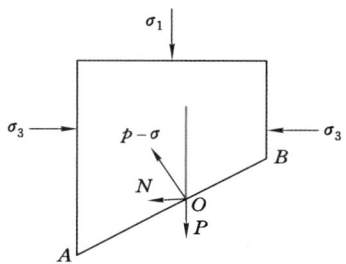

图 5.5　加锚裂隙岩体劈裂破坏受力图

$$
\begin{cases}
N = (p - \sigma^\omega) \sin \alpha \\
P = (p - \sigma^\omega) \cos \alpha
\end{cases}
\tag{5.16}
$$

其中由前文分析可知,裂隙面的正应力 σ^ω 见式(2.1)。

从图中可以看出,对于裂隙岩体为劈裂破坏时,支护锚杆也分为杆体剪切破坏和锚固体接触界面滑移破坏。

假设锚杆杆体的剪切强度为 τ_b,则当 $N=\tau_b$ 时,锚杆将处于剪切破坏的极限平衡状态。

由式(5.16)和式(2.1)整理可得:

$$\sigma_1 = \frac{2p - 2\tau_b/\sin\alpha - \sigma_3(1-\cos\alpha)}{1+\cos\alpha} \tag{5.17}$$

即当 $\sigma_1 = \dfrac{2p - 2\tau_b/\sin\alpha - \sigma_3(1-\cos\alpha)}{1+\cos\alpha}$ 时,裂隙面锚杆体将处于发生剪切破坏的极限平衡状态。

假设锚固界面处于完全弹性状态,由前面分析可知,淋水条件下锚固体的极限抗拉力为 $P_{ult} = \dfrac{\pi D(1-D^m)\tau_1\tanh(\lambda L_b)}{\lambda}$。所以,当 $P\dfrac{\pi D^2}{4}=P_{ult}$ 时,锚固体与岩体将处于发生界面滑移破坏极限平衡状态,此时最大主应力与最小主应力满足:

$$\sigma_1 = \frac{2p - 2\pi D(1-D^m)\tau_1\tanh(\lambda L_b)/\lambda\cos\alpha - \sigma_3(1-\cos\alpha)}{1+\cos\alpha} \tag{5.18}$$

(3)锚杆支护参数对岩体强度的影响分析

① 锚杆拉剪破坏屈服强度对岩体强度的影响分析

为研究锚杆拉剪破坏屈服强度对岩体强度的影响,任取 σ_3 为 2 MPa,岩体在 σ_3 为 2 MPa 时抗压强度为 140 MPa,裂隙结构面黏结力 c 为 0.5 MPa,结构面内摩擦角为 22°,渗透压力 p 为 0.5 MPa,分别计算锚杆拉剪破坏屈服应力 τ_b 为 10 MPa、15 MPa、20 MPa、25 MPa 时最大主应力 σ_1 随夹角 α 变化时的曲线,计算曲线如图 5.6 所示。

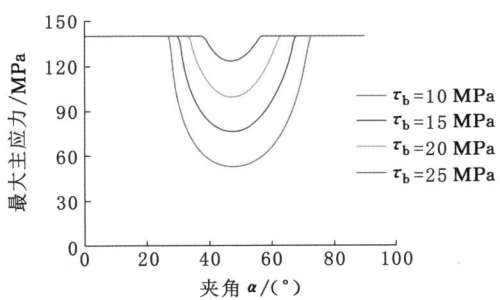

图 5.6　不同锚杆拉剪破坏屈服强度对最大主应力曲线的影响

表 5.1　不同锚杆拉剪破坏屈服强度裂隙岩体破坏情况与 α 范围

锚杆拉剪破坏屈服 强度/MPa	岩体沿裂隙面破坏 α 角度范围/(°)	沿岩体自身破裂面破坏 α 角度范围/(°)
10	28≤α≤72	0<α≤28 或 72≤α<90
15	31≤α≤67	0<α≤31 或 67≤α<90
20	34≤α≤62	0<α≤34 或 62≤α<90
25	39≤α≤56	0<α≤39 或 56≤α<90

表 5.1 为不同锚杆拉剪破坏屈服强度裂隙岩体破坏情况与 α 范围。从图 5.6 和表 5.1 中可以看出,不同锚杆拉剪破坏屈服强度对岩体强度影响十分明显,曲线仍为抛物线形式。当 α 为 46°时,此时岩体的强度最低,当锚杆拉剪破坏屈服强度为 10 MPa 时,在 28°≤α≤72°时岩体将沿裂隙面发生破坏,在 0°<α≤28°或 72°≤α<90°时,岩体将沿自身破裂面发生破坏,最大主应力在 α 为 46°时最小值为 52.87 MPa。当锚杆拉剪破坏屈服强度为 15 MPa 时,在 31°≤α≤67°时岩体将沿裂隙面发生破坏,在 0°<α≤31°或 67°≤α<90°时,岩体将沿自身破裂面发生破坏,最大主应力在 α 为 46°时为 76.31 MPa。当锚杆拉剪破坏屈服强度为 20 MPa 时,在 34°≤α≤62°时岩体将沿裂隙面发生破坏,在 0°<α≤34°或 62°≤α<90°时,岩体将沿自身破裂面发生破坏,最大主应力在 α 为 46°时为 99.9 MPa。当锚杆拉剪破坏屈服强度为 25 MPa 时,在 39°≤α≤56°时岩体将沿裂隙面破坏,在 0°<α≤39°或 56°≤α<90°时,岩体将沿自身破裂面发生破坏,最大主应力在 α 为 46°时为 123.48 MPa。岩体强度随着锚杆拉剪破坏屈服强度的增大而增大,且岩体强度的增加速度也是增大的。增大锚杆拉剪破坏屈服强度,提高了岩体的破坏强度,也就是说选用高强锚杆,有利于发挥支护效果。

② 锚杆锚固长度对岩体强度的影响分析

取 σ_3 为 2 MPa,岩体在 σ_3 为 2 MPa 时抗压强度为 140 MPa,裂隙结构面黏结力 c 为 0.5 MPa,内摩擦角为 22°,锚杆直径 D 为 0.03 m,渗透压力 p 为 0.5 MPa,τ_1 为 0.6 MPa,D^m 为 0,$\lambda=\sqrt{\dfrac{4(1-D^m)K_1}{DE_a}}$,其中 K_1 为 0.6 GPa/m,E_a 为 10 GPa,分别计算锚杆锚固长度 L_b 为 0.1 m、0.2 m、0.5 m、1 m、2 m 时最大主应力 σ_1 随夹角 α 变化时的曲线,计算曲线如图 5.7 所示。

表 5.2 为不同锚固长度裂隙岩体破坏情况与 α 范围。从图 5.7 和表 5.2 中可以看出,不同锚固长度对岩体强度影响曲线仍为抛物线形式。当 α 为 60°时,此时岩体的强度最低,当锚固长度为 0.1 m 时,在 29°≤α≤86°时岩体将沿裂隙面发生破坏,在 0°<α≤29°或 86°≤α<90°时,岩体将沿自身破裂面发生破坏,最

大主应力在 α 为 60°时最小值为 29.7 MPa;当锚固长度为 0.2 m 时,在 32°≤α≤84°时岩体将沿裂隙面发生破坏,在 0°<α≤32°或 84°≤α<90°时,岩体将沿自身破裂面发生破坏,最大主应力在 α 为 60°时最小值为 42.59 MPa;当锚固长度大于 0.5 m 时,在 34°≤α≤83°时岩体将沿裂隙面发生破坏,在 0°<α≤34°或 83°≤α<90°时,岩体将沿自身破裂面发生破坏,最大主应力在 α 为 60°时最小值为 48.9 MPa;岩体强度随着锚固长度的增大而增大,但是当锚固长度大于 0.5 m 时,岩体的强度不随锚固长度的增大而增加。即当锚固长度增大到一定程度时,继续增大锚固长度,支护效果增加不明显。因此,锚固长度存在一个最优值,当大于最优值时,支护效果不会随着锚固长度的增大而增大。

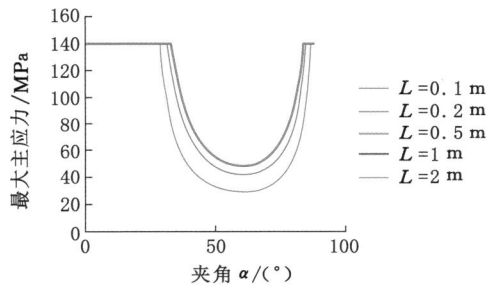

图 5.7　不同锚固长度对最大主应力曲线的影响

表 5.2　不同锚固长度裂隙岩体破坏情况与 α 范围

锚固长度/m	岩体沿裂隙面破坏 α 范围/(°)	沿岩体自身破裂面破坏 α 范围/(°)
0.1	29≤α≤86	0<α≤29 或 86≤α<90
0.2	32≤α≤84	0<α≤32 或 84≤α<90
0.5	34≤α≤83	0<α≤34 或 83≤α<90
1	34≤α≤83	0<α≤34 或 83≤α<90
2	34≤α≤83	0<α≤34 或 83≤α<90

③ 淋水劣化对岩体强度的影响分析

取 σ_3 为 2 MPa,岩体在 σ_3 为 2 MPa 时抗压强度为 140 MPa,裂隙结构面黏结力 c 为 0.5 MPa,内摩擦角为 22°,渗透压力 p 为 0.5 MPa,τ_1 为 0.6 MPa,L_b 为 2 m,D 为 0.03 m,$\lambda = \sqrt{\dfrac{4(1-D^m)K_1}{DE_a}}$,其中 K_1 为 0.6 GPa/m,E_a 为 10 GPa,分别计算淋水劣化因子 D^m 为 0、0.3、0.6、0.9 时最大主应力 σ_1 随夹角 α 变化时的曲线,计算曲线如图 5.8 所示。

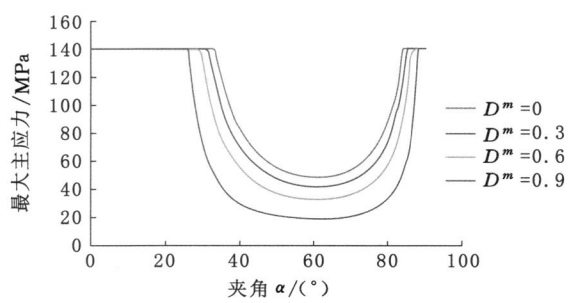

图 5.8　不同淋水劣化因子对最大主应力曲线的影响

表 5.3　不同淋水劣化因子裂隙岩体破坏情况与 α 范围

淋水劣化因子	岩体沿裂隙面破坏 α 范围/(°)	沿岩石自身破裂面破坏 α 范围/(°)
0	34≤α≤84	0<α≤34 或 84≤α<90
0.3	32≤α≤84	0<α≤32 或 84≤α<90
0.6	30≤α≤86	0<α≤30 或 86≤α<90
0.9	27≤α≤87	0<α≤27 或 87≤α<90

　　表 5.3 为不同淋水劣化因子裂隙岩体破坏情况与 α 范围。从图 5.8 和表 5.3 中可以看出,不同淋水劣化因子对岩体强度影响十分明显,也就是说,淋水条件是影响锚固岩体强度的主要因素之一。当 α 为 61°时,此时岩体的强度最低,当淋水劣化因子为 0 时,即锚固界面处于无淋水情况,在 34°≤α≤84°时岩体将沿裂隙面发生破坏,在 0°<α≤34°或 84°≤α<90°时,岩体将沿自身破裂面发生破坏,最大主应力在 α 为 61°时最小值为 49 MPa;当淋水劣化因子为 0.3 时,即锚固界面处于弱淋水情况,在 32°≤α≤84°时岩体将沿裂隙面发生破坏,在 0°<α≤32°或 84°≤α<90°时,岩体将沿自身破裂面发生破坏,最大主应力在 α 为 61°时最小值为 41.9 MPa;当淋水劣化因子为 0.6 时,即锚固界面处于中度淋水情况,在 30°≤α≤86°时岩体将沿裂隙面发生破坏,在 0°<α≤30°或 86°≤α<90°时,岩体将沿自身破裂面发生破坏,最大主应力在 α 为 61°时最小值为 32.9 MPa;当淋水劣化因子为 0.9 时,即锚固界面处于强淋水情况,界面黏结力在水的作用下变得很小,在 27°≤α≤87°时岩体将沿裂隙面发生破坏,在 0°<α≤27°或 87°≤α<90°时,岩体将沿自身破裂面发生破坏,最大主应力在 α 为 61°时最小值为 19 MPa。由此可见,锚固裂隙岩体破坏强度随着淋水条件的劣化而急剧减小,且淋水条件越劣化,破坏强度越低。由无淋水到强淋水条件,最大主应力在 α 为 61°时破坏强度由 41.9 MPa 减小到 19 MPa,减小了 50%左右,减小十分明显。

综上所述,增加锚杆拉剪破坏屈服强度与采用防水型锚固剂是提高裂隙岩体强度的最有效途径,其次为增加锚杆长度。因此,选择高强锚杆,防水型锚固剂,合理的锚固长度有利于锚杆发挥支护作用。

5.2.2　锚杆锚索控制顶板离层机理分析

近距离煤层开采时,由于煤层间距离较近,在上部煤层开采时,对底板也就是下部煤层顶板影响比较明显,具体表现在,顶板应力较大,顶板破碎,裂隙发育。巷道开挖之后,随着时间的推移,在煤层与岩层或者岩层之间容易发生分离,如图5.9所示。这种由于受到巷道开挖应力重新分布影响,顶板岩层与岩层之间的分离称为离层。离层主要表现在以下几个方面[78]:① 煤层承受荷载作用下极限挠度远小于煤层作为整体的破断挠度;② 煤层与软弱夹矸层两者界面处易发生离层;③ 煤层内沿煤层层面方向的节理处是离层的多发区域。

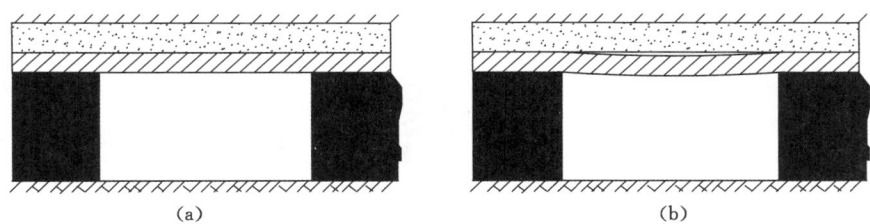

图 5.9　巷道顶板离层图

(a) 岩层 1;(b) 岩层 2

(1) 巷道无支护下顶板离层机理分析

岩层之间是否发生离层与岩层的挠度有关。当岩层与岩层间发生离层时,此时,岩层与岩层之间没有接触,下部岩层只受到自身重力的作用,而上部岩层除受到自身重力作用外,还受到上覆岩层的载荷,如图5.10所示。对淋水条件下近距离煤层巷道顶板来说,由于岩层之间存在软弱夹层,夹层岩性较差,在浸水作用下,岩层之间的黏结力减弱甚至消失。不考虑岩层间的摩擦力与黏结力,

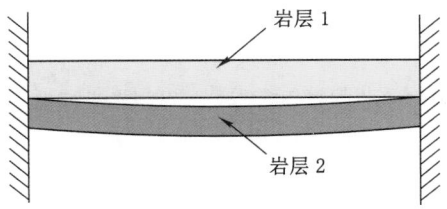

图 5.10　巷道顶板离层机理分析图

将顶板离层模型简化为固支梁,分析两个岩层的离层。建立力学模型,如图5.11所示。对图 5.11 中(a)和(b)进行受力分析,根据材料力学,可以得出:

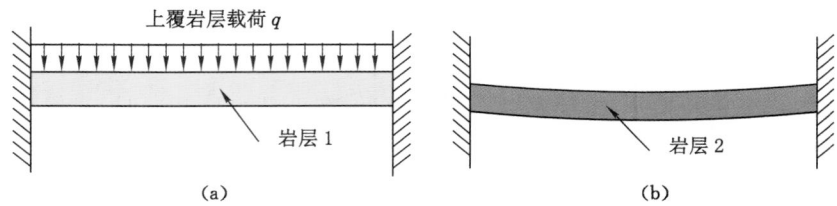

图 5.11　岩层受力分析图

(a) 岩层 1;(b) 岩层 2

岩层 1 的最大变形挠度为:

$$y_{\max 1} = \frac{(\gamma_1 h_1 + q)L^4}{384 E_1 J_1} \tag{5.19}$$

岩层 2 的最大变形挠度为:

$$y_{\max 2} = \frac{\gamma_2 h_2 L^4}{384 E_2 J_2} \tag{5.20}$$

式中　q——加于岩层 1 上的载荷,Pa;

　　　$\gamma_1 h_1$——岩层 1 自身单位长度的载荷,Pa;

　　　L——岩层长度,m;

　　　$\gamma_2 h_2$——岩层 2 自身单位长度的载荷,Pa;

　　　h_1——岩层 1 的厚度,m;

　　　h_2——岩层 2 的厚度,m;

　　　E_1——岩层 1 的弹性模量,GPa;

　　　E_2——岩层 2 的弹性模量,GPa;

　　　J_1——岩层 1 的断面惯性矩,m⁴;

　　　J_2——岩层 2 的断面惯性矩,m⁴。

当 $y_{\max 1} > y_{\max 2}$ 时,岩层与岩层之间将发生离层;当 $y_{\max 1} = y_{\max 2}$ 时,岩层与岩层之间不会发生离层。

(2) 巷道锚杆支护下顶板离层机理分析

巷道顶板在进行支护控制过程中需要多根锚杆控制顶板的下沉位移,如图5.12 所示。根据应力等效原理,把多根锚杆对顶板的支护预紧力等效为均布载荷,即对巷道顶板底部施加一个向上的均布载荷 q',如图 5.13 所示。

图 5.13(a)中岩层 1 的最大变形挠度为:

$$y_{\max 1}' = \frac{(\gamma_1 h_1 + q + q')L^4}{384 E_1 J_1} \tag{5.21}$$

图 5.13(b)中岩层 2 的最大变形挠度为：

$$y_{\max 2}' = \frac{(\gamma_2 h_2 - q')L^4}{384 E_2 J_2} \tag{5.22}$$

当两岩层刚好不发生离层时，有 $y_{\max 1}' = y_{\max 2}'$，求得

$$q' = \frac{\gamma_2 h_2 E_1 J_1 - (\gamma_1 h_1 + q)E_2 J_2}{E_1 J_1 + E_2 J_2}$$

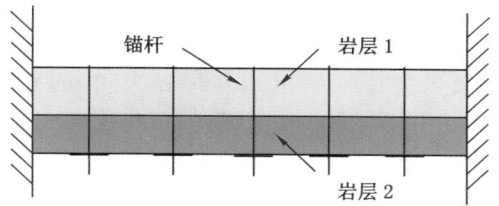

图 5.12　锚杆支护图

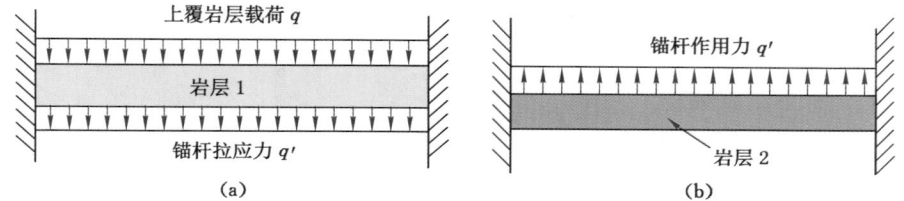

图 5.13　岩层受力分析图

(a) 岩层 1；(b) 岩层 2

　　值得注意的是，从公式中可以看出，当施加多根锚杆之后，存在一个状态使上下两岩层刚好不发生离层，当再增加锚杆根数时，对于岩层离层的支护效果将不会发生大的改变，这与前人研究的结果一致，即锚杆的支护效果随着锚杆间距的变化不是线性的。而对于锚索支护来说，控制岩层离层的机理与锚杆支护是一致的，只是锚索支护是将锚固区向围岩内部深入，在围岩深部形成压应力区，支护强度更高。

　　选取霍州煤电团柏煤矿 11-101 工作面顺槽为研究对象，计算锚杆支护所需预紧力，从前面研究内容可知，在工作面顺槽上方顶板出现离层，离层高度为 2 m，为控制顶板离层，需要在采用锚杆支护后施加一定的预紧力，根据公式，取岩梁的容重 γ_1 为 26 kN/m³，γ_2 为 25 kN/m³，厚度 h_1 为 2.5 m，厚度 h_2 为 2 m，由于上部为采空区，取 q 为 26 kN/m²，巷道宽度为 4.3 m，可求出单位面积锚杆需要提供的预紧力为 21 kN，由于受到上煤层开采影响，顺槽顶板岩石较为破

碎,力学参数发生改变,取安全系数 2,可以得出,单位面积锚杆需要提供的预紧力为 42 kN。

5.2.3 锚杆支护效果验证

为研究锚杆对于巷道顶板支护的效果,利用数值软件 FLAC3D,对巷道顶板有无锚杆支护进行支护效果对比研究。

(1) 计算模型及参数

采用有限差分数值计算软件 FLAC3D,分析锚杆支护条件下对巷道围岩变化的影响。模型大小长×宽×高为 50 m×30 m×50 m,巷道埋深为 400 m,巷道宽度为 4 m、高度为 3 m。巷道两帮为煤层,顶板底板为粉砂岩。方案分为三种,方案一顶板无支护;方案二顶板采用锚杆支护,锚杆直径为 18 mm,长度为 2.2 m,锚杆间距为 900 mm×900 mm;方案三顶板采用锚杆锚索联合支护,锚索直径为 17.78 mm;锚索长度为 4 500 mm,间距为 1 800 mm×1 800 mm。模型侧边界施加水平梯度应力,模型四周底部基本应力为 8.4 MPa,梯度应力为 0.02 MPa;模型顶部施加垂直应力 9.25 MPa,用于模拟模型上方省略岩层的载荷重量。

(2) 计算结果分析

图 5.14~图 5.16 为顶板有无支护垂直位移、最大主应力和塑性区分布图。

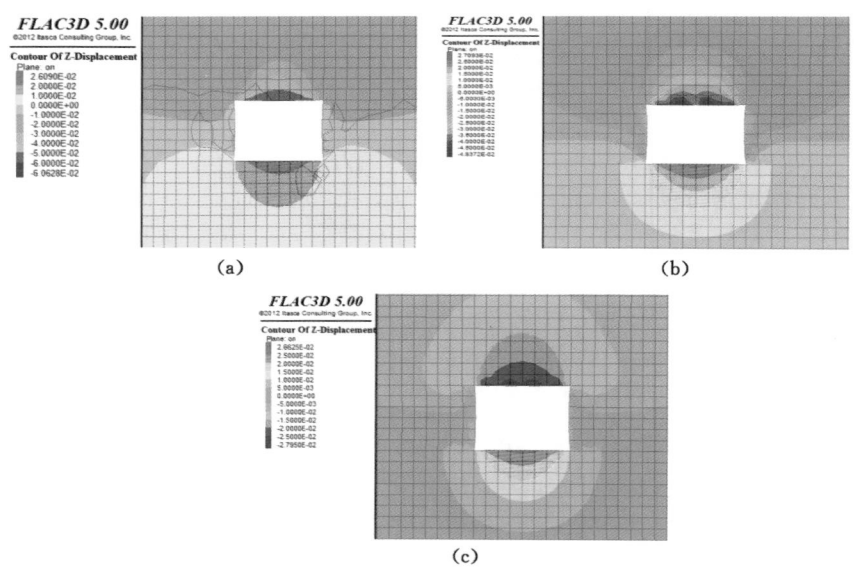

图 5.14　垂直位移分布

(a) 方案一;(b) 方案二;(c) 方案三

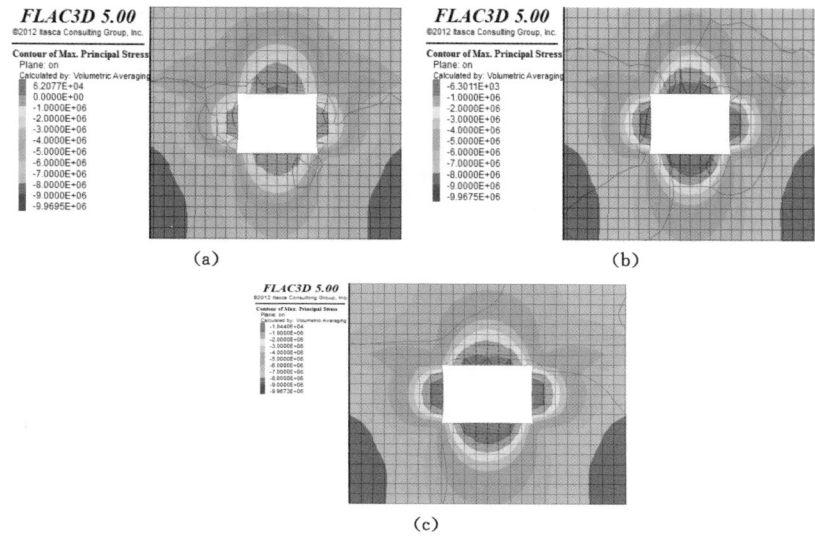

图 5.15　最大主应力分布

（a）方案一；（b）方案二；（c）方案三

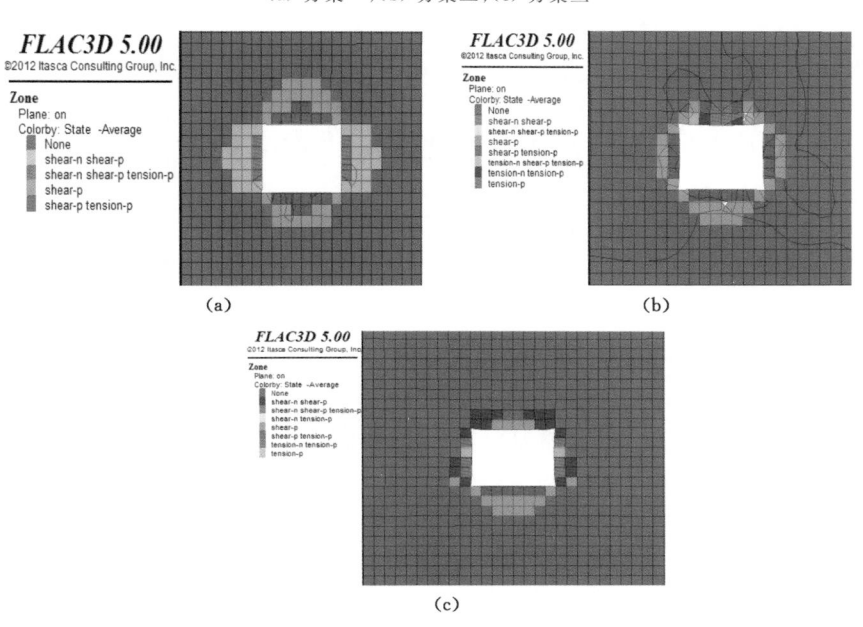

图 5.16　塑性区分布

（a）方案一；（b）方案二；（c）方案三

从图 5.14 中可以看出,顶板无支护状态时,巷道顶板垂直位移最大为 60 mm；当顶板施加锚杆支护时,顶板最大垂直位移为 48 mm；当顶板施加锚杆锚索支护时,顶板最大垂直位移为 28 mm。由图 5.15 可知,顶板无支护状态时,顶板所受的最大主应力为 0.062 MPa,也就是说,顶板受到 0.062 MPa 的拉应力；当顶板施加锚杆支护时,顶板不再承受拉应力,所受的最大主应力为 -0.006 3 MPa；当顶板施加锚杆锚索支护时,所受的最大主应力为 -0.01 MPa。由图 5.16 可知,顶板有无锚杆支护时,塑性区发育明显不同,当顶板无支护时,巷道塑性区发育较大,尤其以拉伸破坏和剪切破坏为主；当采用锚杆支护时,围岩塑性区明显减小,且顶板破坏主要以剪切破坏为主,少量为拉伸破坏；当顶板采用锚杆锚索联合支护时,顶板塑性区发育较小,且顶板主要为剪切破坏。由于顶板稳定性控制较好,影响两帮塑性区发育,围岩塑性区发育较前两种方案要小。

从以上分析可以看出,当巷道顶板采用锚杆支护时,既可以有效减小巷道顶板下沉量,又可以使顶板由拉应力状态转为压应力状态,而对于岩石来说,岩石能承受较大的压应力,但较小的拉应力就能使岩石发生破坏。所以说,锚杆支护对于控制巷道顶板的稳定性有较好的效果。通过理论分析与数值模拟结果可以看出,锚杆锚索在控制顶板的裂隙扩展、顶板岩层离层和减小顶板拉应力等方面有很好的效果。

5.3 近距离采空区下淋水巷道锚杆锚索支护参数影响分析

前文分析了锚杆锚索对于控制裂隙扩展、控制顶板离层的支护机理,结果表明,锚杆锚索可以有效控制裂隙发展与顶板离层。针对团柏煤矿 11# 煤层巷道破坏情况,采用锚杆锚索联合支护方式控制巷道围岩变形。

5.3.1 数值模型与模拟方案

采用 FLAC3D 数值模拟软件对近距离采空区下淋水巷道锚杆锚索联合支护参数进行模拟分析。主要模拟参数有锚杆间距、锚杆预紧力、锚索预紧力等。

（1）模型的建立

以霍州煤电团柏煤矿 11-101 工作面地质条件为参考,建立近距离淋水巷道三维数值模型,有限差分数值计算模型如图 5.17 所示。模型尺寸长×宽×高为 200 m×50 m×100 m,上煤层采空区倾向宽 150 m,走向长 50 m,高 3 m；下煤层巷道内错 6 m 布置,巷道埋深 350 m,宽 4.3 m,高 2.7 m。本构关系采用摩尔-库伦模型,采空区采用双屈服（D-Y）模型。模型侧边界施加水平梯度应力,模型四周底部基本应力为 5 MPa,梯度应力为 0.012 5 MPa；模型顶部施加垂直

应力 7.5 MPa,用于模拟模型上方省略岩层的载荷重量。具体煤岩层物理力学
参数见表 3.1。

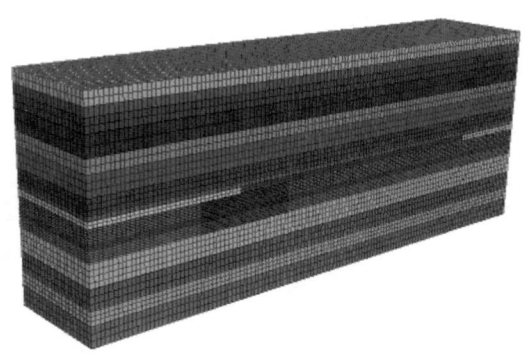

图 5.17　有限差分数值计算模型

（2）模拟方案

锚杆间距与预紧力是锚杆支护的重要技术参数。锚杆间距直接决定锚固体
在围岩表面形成压应力区的大小。运用控制变量的研究方法,控制其余支护参
数不变,分别模拟了不同锚杆间距、锚杆预紧力、锚索预紧力对巷道围岩稳定性
的影响。已有研究表明[134],预紧力是区别锚杆支护属于主动支护还是被动支
护的参数,施加一定的预紧力,能够及时控制巷道围岩的离层、滑动、裂隙张开、
新裂纹产生等扩容变形,使围岩处于受压状态,抑制围岩弯曲变形、拉伸与剪切
破坏的出现,保持围岩的完整性,减小围岩强度降低幅度。鉴于此,本部分内容
重点研究锚杆间距、预紧力以及锚索预紧力对近距离采空区下淋水巷道稳定性
的影响分析。

5.3.2　计算结果分析

（1）锚杆间距对巷道围岩稳定性的影响分析

为研究锚杆间距对巷道稳定性的影响,本模型巷道支护采用锚杆支护,设定
锚杆预紧力为 40 kN,保持不变,研究锚杆间距分别为 0.6 m、0.7 m、0.8 m、
0.9 m、1.0 m 时巷道顶板位移与巷道围岩塑性区的分布。图 5.18 为不同锚杆
间距巷道围岩垂直位移分布,图 5.19 为不同锚杆间距顶板下沉量,图 5.20 为不
同锚杆间距巷道围岩塑性区分布图。从图 5.19 可以看出,随着锚杆间距的增
大,顶板下沉量也随之增大,但不是呈线性增长的趋势。当锚杆间距由 0.6 m
增大到 0.7 m 时,顶板下沉量变化不明显,几乎保持不变,但当锚杆间距由
0.7 m 增大到 0.9 m 时,顶板下沉量开始缓慢增长,增长幅度不大,顶板下沉量
由 53.6 mm 增大到 90 mm,当锚杆间距达到 1 m 时,顶板下沉量急剧增大,由

90 mm 增大到 147 mm,增加了 63%。从图 5.20 可以看出,巷道围岩塑性区随着锚杆间距的增大而增大,尤其是间距为 1 m 时,塑性区发育范围最大,支护效果较差。由此可见,锚杆的间距,也就是锚杆的密度有一个合理值,即锚杆的最优间距在 0.7~0.9 m 之间,当间距小于 0.7 m 时,支护效果随着间距的减小效果增加不明显,当大于 0.9 m 时,锚杆支护无法形成有效的压应力区,从而达不到支护效果。

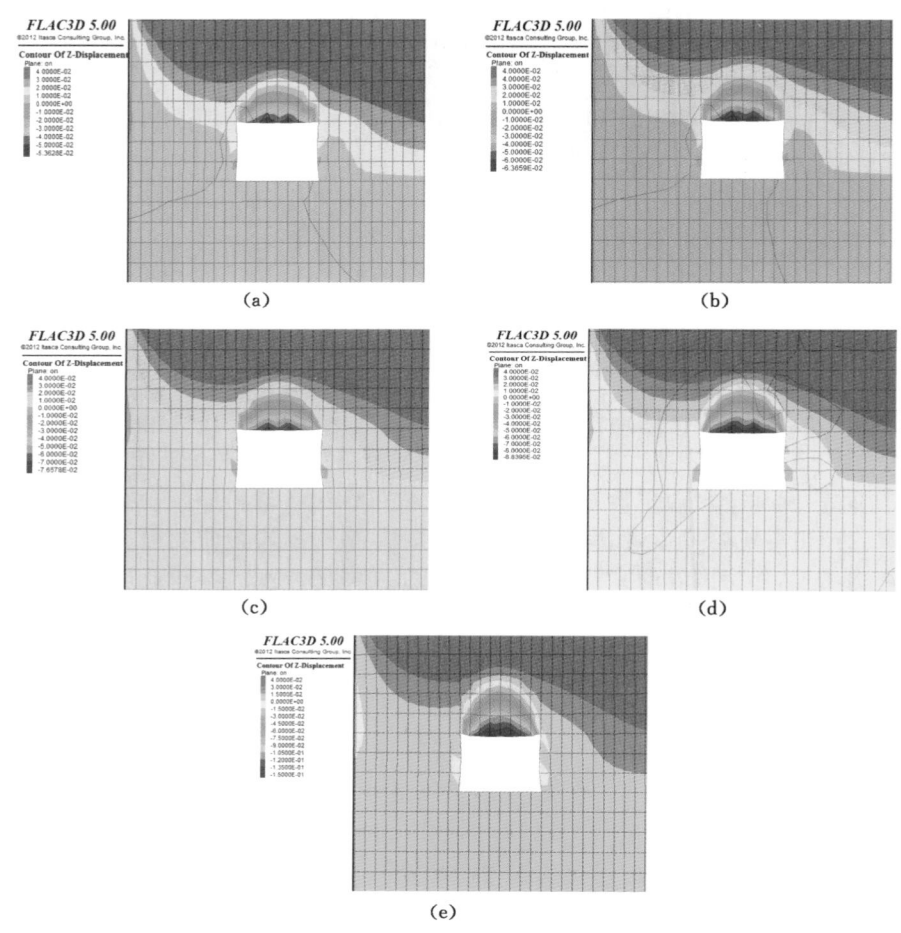

图 5.18 不同锚杆间距巷道围岩垂直位移分布

(a) 间距 0.6 m;(b) 间距 0.7 m;(c) 间距 0.8 m;(d) 间距 0.9 m;(e) 间距 1.0 m

(2)锚杆预紧力对巷道围岩稳定性的影响分析

为研究锚杆预紧力对巷道稳定性的影响,本模型巷道支护采用锚杆支护,设

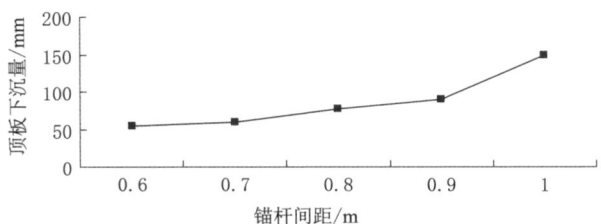

图 5.19　不同锚杆间距顶板下沉量

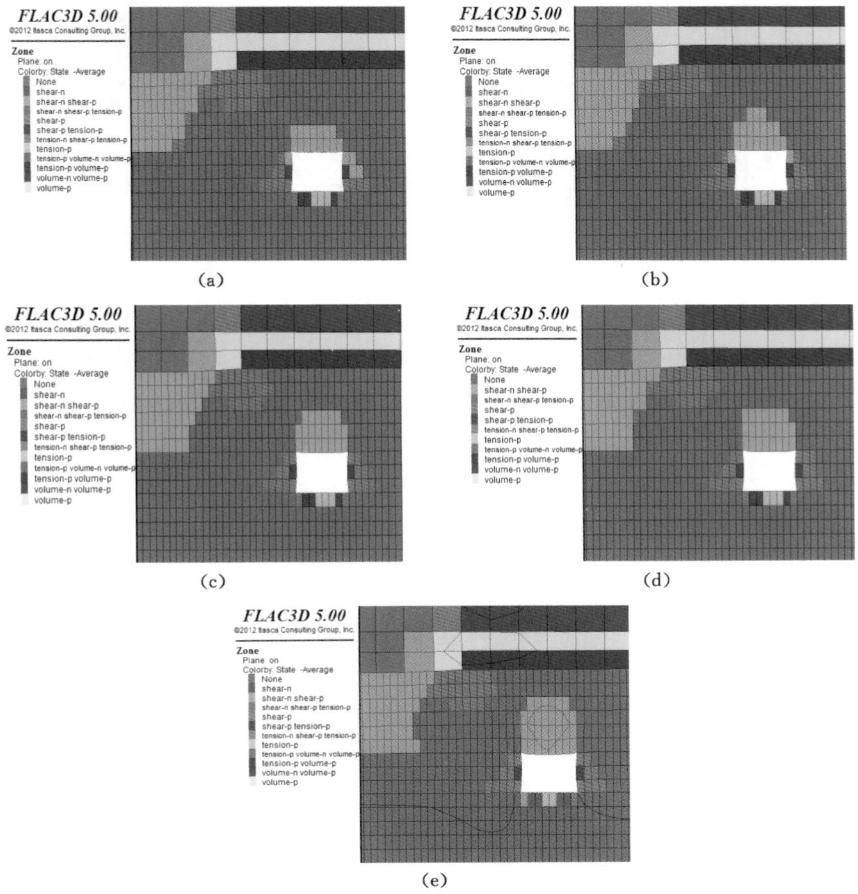

图 5.20　不同锚杆间距巷道围岩塑性区分布

(a) 间距 0.6 m;(b) 间距 0.7 m;(c) 间距 0.8 m;(d) 间距 0.9 m;(e) 间距 1.0 m

定锚杆间距为 0.9 m,保持不变,研究锚杆预紧力分别为 20 kN、40 kN、60 kN、80 kN 时巷道顶板位移与巷道围岩塑性区的分布。图 5.21 为不同锚杆预紧力巷道围岩垂直位移分布,图 5.22 为不同锚杆预紧力巷道顶板下沉量,图 5.23 为不同锚杆预紧力巷道围岩塑性区分布图。

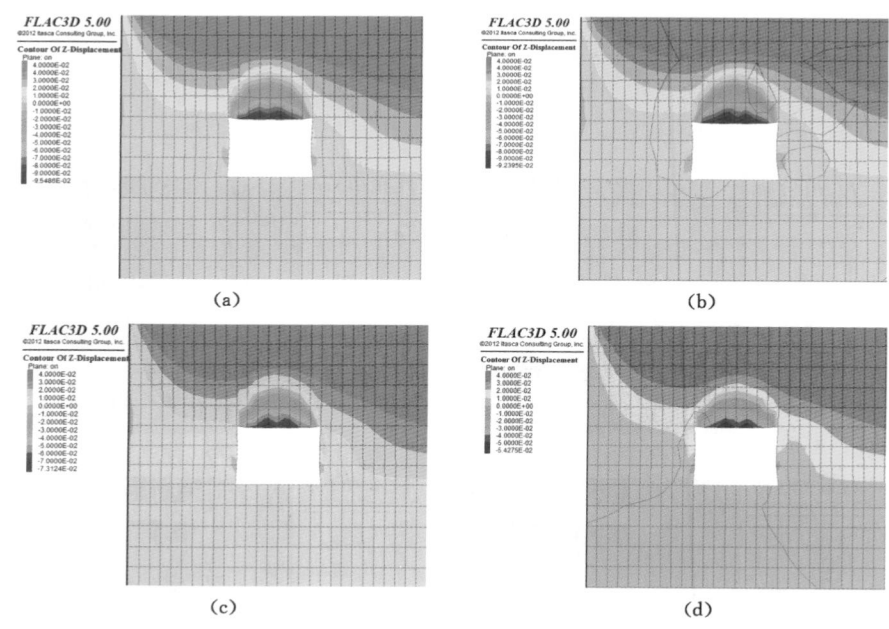

图 5.21　不同锚杆预紧力巷道围岩垂直位移分布

(a)锚杆预紧力 20 kN;(b)锚杆预紧力 40 kN;(c)锚杆预紧力 60 kN;(d)锚杆预紧力 80 kN

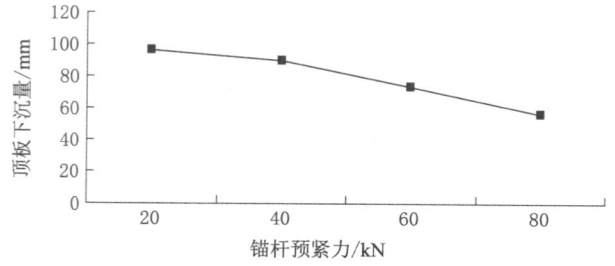

图 5.22　不同锚杆预紧力巷道顶板下沉量

从图 5.21 中可以看出,随着巷道锚杆预紧力的增大,顶板下沉量随之减小,对顶板位移的控制效果明显。从图 5.22 中可以看出,当锚杆预紧力由 20 kN 增大到 40 kN 时,顶板下沉量变化不明显,仅有少量减小,但当锚杆预紧力由 40 kN 增大到 60 kN 时,顶板下沉量开始迅速减小,由 92 mm 减小到 73 mm,减小了 20.6%,当锚杆预紧力由 60 kN 增大到 80 kN 时,顶板下沉量由 73 mm 减小到 56 mm,减小了 23%。从图 5.23 中可以看出,巷道围岩塑性区范围随着锚杆预紧力的增大而减小,尤其是预紧力小于 40 kN 时,塑性区发育范围较大,支护效果较差。由此可见,锚杆预紧力为 40 kN 时顶板下沉曲线出现拐点,当预紧力大于 40 kN 时,锚杆对巷道形成较好的主动支护,巷道围岩位移得到较好控制,而小于 40 kN 时,主动支护较差,使得围岩位移量较大,得不到有效支护。

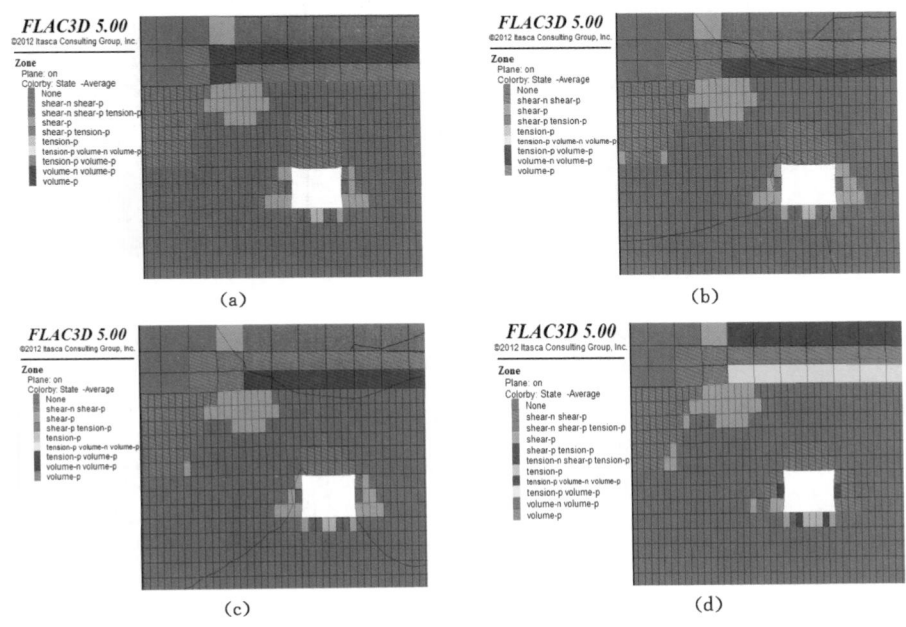

(a)   (b)

(c)   (d)

图 5.23　不同锚杆预紧力巷道围岩塑性区分布

(a) 锚杆预紧力 20 kN;(b) 锚杆预紧力 40 kN;(c) 锚杆预紧力 60 kN;(d) 锚杆预紧力 80 kN

(3) 锚索预紧力对巷道围岩稳定性的影响分析

为研究锚索预紧力对巷道稳定性的影响,本模型巷道支护采用锚杆锚索联合支护,设定锚杆间距为 0.9 m,预紧力 40 kN 保持不变,研究锚索预紧力分别为 120 kN、140 kN、160 kN、180 kN 时巷道顶板位移与巷道围岩塑性区的分布。图 5.24 为不同锚索预紧力巷道围岩垂直位移分布,图 5.25 为不同锚索预紧力巷道顶板下沉量,图 5.26 为不同锚索预紧力巷道围岩塑性区分布图。

从图 5.25 可以看出,随着锚索预紧力的增大,顶板下沉量呈现先缓慢减小

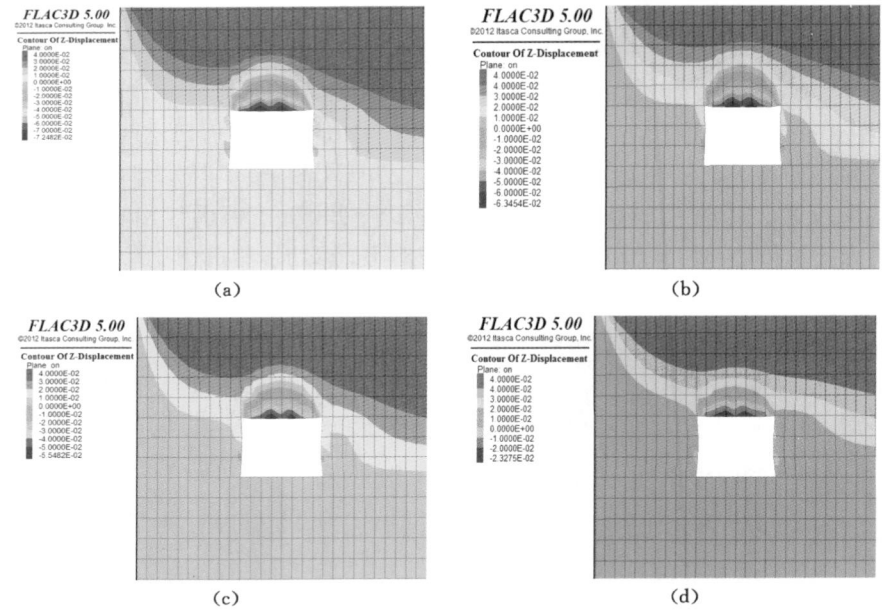

图 5.24　不同锚索预紧力巷道围岩垂直位移分布

（a）锚杆预紧力 120 kN；（b）锚杆预紧力 140 kN；（c）锚杆预紧力 160 kN；（d）锚杆预紧力 180 kN

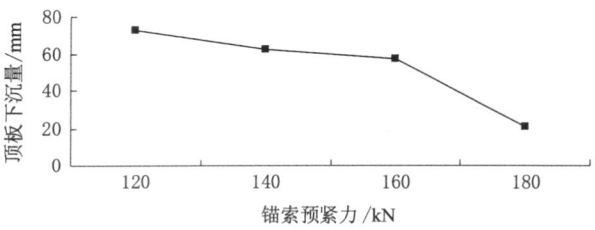

图 5.25　不同锚索预紧力巷道顶板下沉量

后迅速减小的趋势。当锚索预紧力由 120 kN 增大到 160 kN 时,顶板下沉量变化不明显,变化幅度不大,由 73 mm 减小到 57 mm,但当锚索预紧力大于 160 kN 时,顶板下沉量开始迅速减小,顶板下沉量由 57 mm 减小到 22 mm,减小了 61.4%。从图 5.26 可以看出,巷道围岩塑性区范围随着锚索预紧力的增大而减小,从塑性区特征来看,巷道围岩破坏形式较复杂,其中主要包括剪切破坏和拉伸破坏,以及二者的组合形式。尤其当预紧力大于 160 kN 时,破坏形式主要为剪切破坏,拉伸破坏区基本消失,顶板塑性区发育范围最小,支护效果最好。由此可见,当锚索预紧力大于 160 kN 时,锚索可在围岩深部形成锚固承载区,在浅部围岩形成有效的压应力区,主动支护效果好,可防止浅部围岩继续劣化挤压巷道,维护巷道的稳定性。

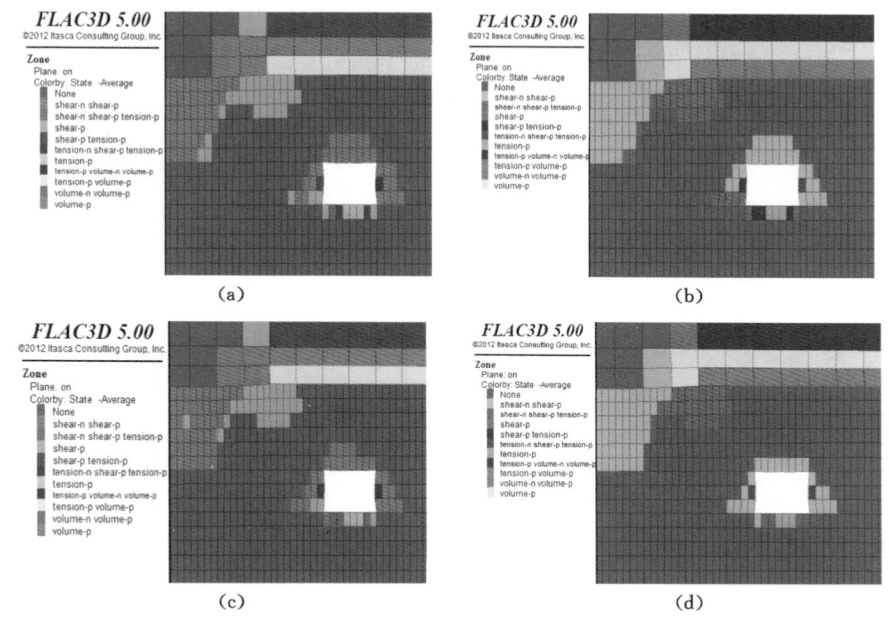

图 5.26　不同锚索预紧力塑性区分布
(a) 锚杆预紧力 120 kN;(b) 锚杆预紧力 140 kN;(c) 锚杆预紧力 160 kN;(d) 锚杆预紧力 180 kN

综上所述,对于近距离采空区下淋水巷道采用锚杆、锚索联合支护时,锚杆间距在 0.7～0.9 m,锚杆预紧力大于 40 kN,锚索预紧力大于 160 kN 为宜,可有效解决近距离采空区下淋水巷道围岩稳定性控制问题。

5.4　本章小结

通过研究锚杆锚索对巷道顶板裂隙岩体、顶板离层的控制作用,提出锚杆锚索联合支护方案,研究了锚杆间距、锚杆预紧力以及锚索预紧力等参数对巷道围岩稳定的影响,得到如下结论:

① 建立加锚裂隙力学模型,研究了锚杆锚索控制裂隙发展机理,推导出渗透作用下加锚裂隙岩体滑移和劈裂破坏形式的极限平衡公式。选用拉剪破坏屈服强度高的锚杆以及防水效果好的锚固剂是提高裂隙岩体强度的最有效途径。

② 建立多锚杆支护岩层力学模型,研究了多锚杆控制顶板离层机理,推导出顶板不发生离层时多锚杆预紧力公式,用以计算控制巷道顶板离层所需预紧力,为锚杆支护参数设计提供理论依据。

③ 通过 FLAC3D 数值模拟,分析了近距离采空区下淋水巷道锚杆锚索支护技术参数:锚杆间距为 0.7 m～0.9 m,锚杆预紧力大于 40 kN,锚索预紧力大于 160 kN 时,可有效解决巷道稳定性控制问题。

6 工程实例分析

依据前文近距离煤层采空区下淋水巷道围岩变形破坏规律和锚杆锚索联合支护内容研究,在霍州煤电团柏煤矿回采巷道进行了锚杆锚索支护工业性试验,验证支护方案的有效性。

6.1 巷道围岩控制技术方案

6.1.1 工作面巷道稳定性影响因素分析

由于 10# 煤层开采过程中采动支承压力的作用,引起采空区下底板周围岩体的应力重新分布,当这种变形超过岩体本身的承载能力时便发生破坏,形成各种裂隙,使得岩体的孔隙率和渗透性增加,对 11# 煤层顶板(亦即 10# 煤层底板)产生一定程度的破坏影响,导致 11# 煤层顶板部分岩层尤其是靠近 10# 煤层底板的部分岩层裂隙发育,局部顶板整体性差。在此区域的巷道如果支护方式不当,可能发生突发性的冒顶或局部冒落事故,所以,维持巷道顶板的稳定性是巷道支护的关键。

10# 煤层开采后,导水裂隙带沟通 K2、K3 含水层,在 10# 煤层采空区形成大量积水。11-101 工作面回采期间的顶板垮落带沟通 10# 煤层采空区,10# 煤层采空区积水涌入工作面及生产巷道,对工作面的安全回采及巷道稳定性造成威胁。由于淋涌水影响,巷道开挖后的围岩屈服变形是在 10# 煤层采空区下流体渗透和围岩应力共同作用下形成的。当巷道顶板变形量达到一定值之后,流体渗透对围岩破坏起主导作用,且前者变形速度远高于后者。其次,巷道开挖后,10# 煤层顶板 K2 灰岩中的水(与奥灰水有一定的水力联系)透过 10# 煤层采空区底板(11# 煤层顶板)渗透入粉砂岩中,可能导致近 10# 煤层采空区的部分岩层加速破坏。最后,部分岩层可能因遭水侵蚀出现膨胀软化,造成碎裂岩块间的摩擦力不足以支撑其重力,加剧了顶板间岩层完整性的破坏,进而可能引起整体垮落的危险。

鉴于近距离煤层采空区下淋水巷道围岩稳定性差、淋水对支护的弱化作用，必须对此类地质及开采条件下的巷道支护进行设计，以满足安全生产需要。

6.1.2 巷道支护参数设计

6.1.2.1 疏排水方案

由于掘进之前，10#煤层采空区积水疏排工作已处于正常排水阶段，10#煤层采空区内已无大的积水存在，但由于煤层褶曲构造及垮落矸石堆积及区段煤柱留设的影响，部分低洼点和堵塞区域仍存在一定的积水区，对于巷道部分淋水区域，在顶板淋水处打疏排水钻孔，疏排顶板水，减小水对顶板的弱化作用。

6.1.2.2 锚杆锚索支护参数设计

11-101(1)与10-111(1)巷道的水平距离为40 m，工作面上方全部为10-111工作面采空区，根据近距离煤层采空区下淋水巷道围岩破坏规律和锚杆锚索支护研究以及矿井设计要求，11-101工作面顺槽采用锚杆锚索联合支护方式。具体参数如下：

（1）锚杆支护系统

锚杆类型：高强扭矩应力锚杆。

顶锚杆参数：$\phi 18 \times 2\ 200$ mm，Q500矿用高强螺纹钢；预紧力：40 kN以上；防水树脂锚固剂：FSCK2340$\times$3。

帮锚杆参数：$\phi 18 \times 2\ 200$ mm，Q500矿用高强螺纹钢；预紧力：40 kN以上；防水树脂锚固剂：FSCK2340$\times$3。

间排距：锚杆排距900 mm，间距如图6.1所示。

（2）锚索支护系统

锚索类型：矿用笼型锚索；锚索直径：17.78 mm；锚索长度：4 500 mm；锚索托盘：$100 \times 100 \times 10$ mm的平托盘；防水树脂锚固剂：FSCK2340$\times$4。

所采用支护设计方案如图6.1所示。

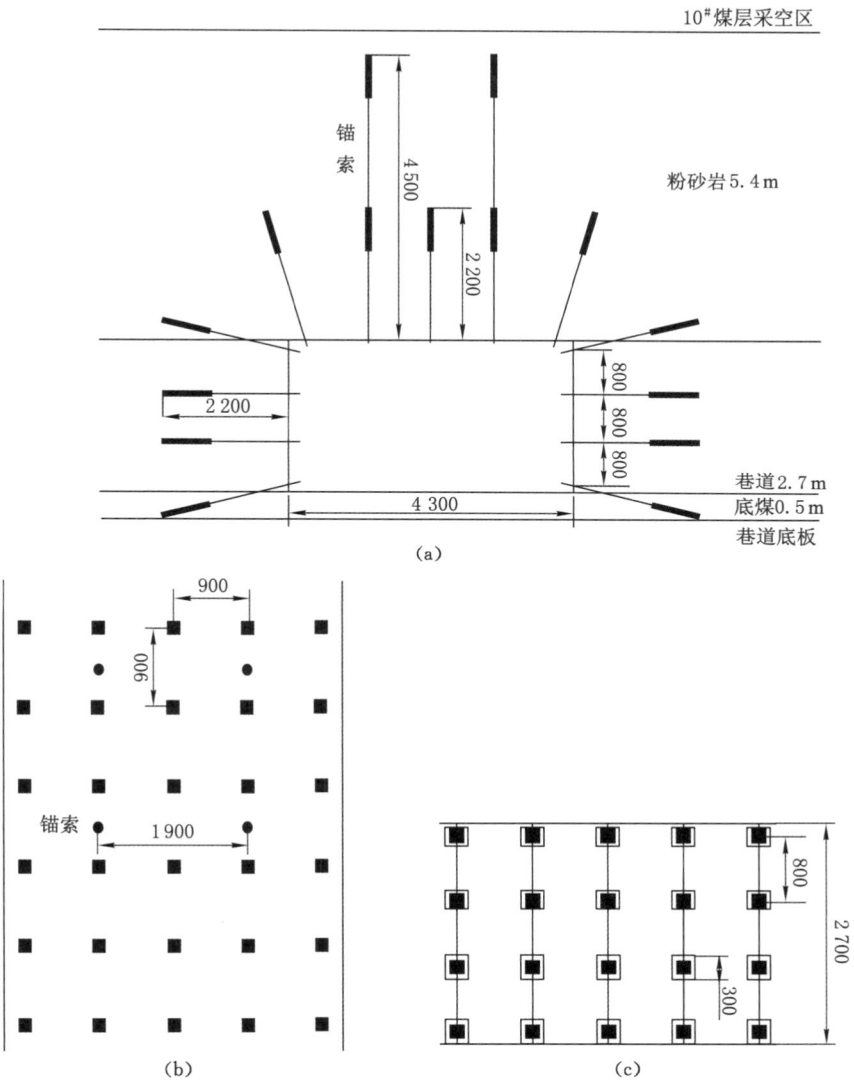

图 6.1　试验巷道支护设计方案

（a）支护方案断面图；（b）巷道顶板支护平面图；（c）两帮支护图

6.2 支护效果分析

6.2.1 掘巷期间支护效果实测研究

6.2.1.1 矿压观测试验方案

为研究团柏煤矿 11-101 工作面回采巷道锚杆锚索支护技术与支护参数的合理性,对巷道表面位移和锚杆锚索受力进行了监测,并通过钻孔窥视仪观察顶板深部围岩裂隙情况。本次监测的主要内容包括:岩体表面位移监测、顶板离层监测、锚杆锚索受力监测。共设置三个断面监测点,断面位置以采用高强锚杆支护点为分界线向掘进方向布置,每隔 50 m 布置一个观测断面(为监测断层、褶区构造或特殊围岩条件附近的巷道变形,断面间距可以适当扩大和缩小)。

(1)岩体表面位移监测

测试断面布置的当天进行第一次测量,以后根据测试断面距采煤工作面的距离而定。当测试断面距采煤工作面 0~10 m 范围内,每天观测 1 次;11~20 m 范围内,两天观测 1 次;21~50 m 范围内,3 天观测 1 次。测试内容为 A 与 B、C 与 D、A 与 E 及 B 与 E 之间的距离,各测点的位置以外露钢筋的顶端平面为基准。

(2)顶板离层监测

为检验锚杆锚索支护的效果,监测不同支护方式下的顶板离层情况,采用钻孔窥视仪和顶板离层仪进行观测。顶板离层仪按常规方式布设,钻孔窥视仪可以直接观察 5 m 深钻孔的岩层结构、层理、各类弱面和离层情况。

在巷道中线附近,沿与顶板垂直的方向打一个直径 28 mm、长度 5 m 的钻孔。钻孔打完后用清水冲洗 20 s,钻孔打完后 30 min 内进行观测。以后根据具体情况对其进行观测,尤其要观测受采动影响情况下顶板的离层情况。

(3)锚杆受力监测

为掌握锚杆预紧力的大小,判断施工质量,进一步根据锚杆的工作状态判断其支护参数是否合理,锚杆是否发生断裂、屈服等,需进行锚杆受力测试。本测试采用托板压力表进行。使用时,首先将压力表套在锚杆托盘和外锚杆头的螺母之间,然后紧固螺母,对锚杆施加预紧力,记录下压力表指示的初始值,此后,每 3 天测量一次,在采煤工作面推进至距顶板压力盒位置 20 m 的范围内,每天测量一次。

6.2.1.2 支护效果分析

(1)1# 测点矿压观测结果分析

1#测点巷道移近量、锚杆锚索受力曲线及离层量分别如图 6.2～图 6.4所示。

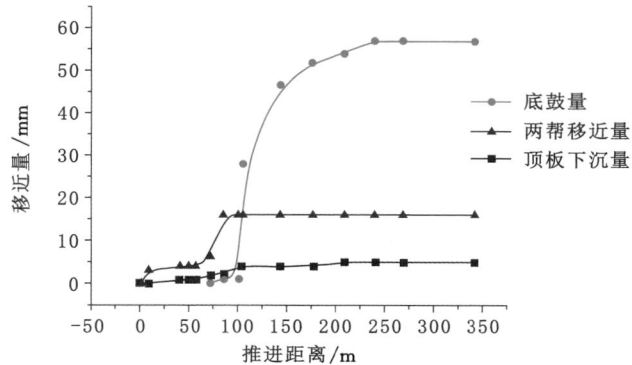

图 6.2 1#测点巷道移近量曲线

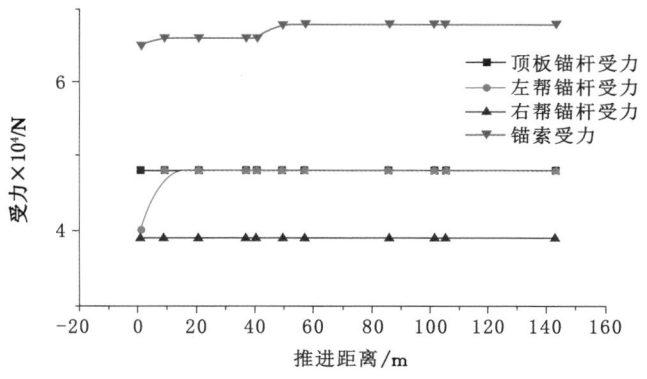

图 6.3 1#测点锚杆锚索受力曲线

从图 6.2 中的巷道移近量监测结果可以看出,在观测位置距掘进工作面100 m 时,巷道顶板下沉量和两帮的移近量开始趋于稳定,其中:顶板最大下沉值为 5 mm,两帮最大移近量为 16 mm(左帮移近量 13 mm,右帮移近量 3 mm),左帮变形大于右帮,与前几章研究的围岩变形特征一致。

从图 6.3 的锚杆、锚索受力情况可以看出,试验巷道锚杆、锚索受力均较小,且受力值的变化也较小,这说明巷道处于较低的应力环境,同时也说明锚杆、锚索的预紧力保持效果较好。

从图 6.4 可以看出,顶板几乎未出现离层,锚杆与锚索之间的离层值最大仅

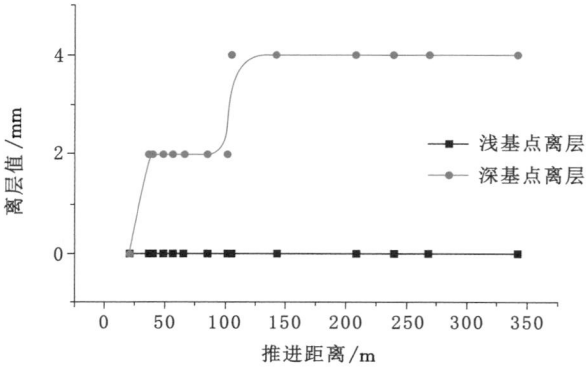

图 6.4　1#测点离层量曲线

4 mm。离层值较小说明顶煤与粉砂岩界面间并未出现离层现象，这也说明锚杆、锚索施初期支护效率高，为保持巷道长期稳定奠定了良好的基础。

（2）2#测点矿压观测结果分析

2#测点巷道移近量及锚杆、锚索受力曲线如图 6.5 和图 6.6 所示。

从图 6.5 中巷道移近量监测结果可以看出，在观测位置距掘进工作面 80 m 时，两帮的移近量开始趋于稳定，最大值仅为 3 mm；距工作面 280 m 时顶板下沉稳定，最大值仅为 2 mm，底鼓量较小为 1 mm。

从图 6.6 可见，巷道锚杆、锚索受力较小，且受力值的变化幅度也较小，这说明巷道处于较低的应力环境，同时也说明锚杆、锚索预紧力保持效果较好。

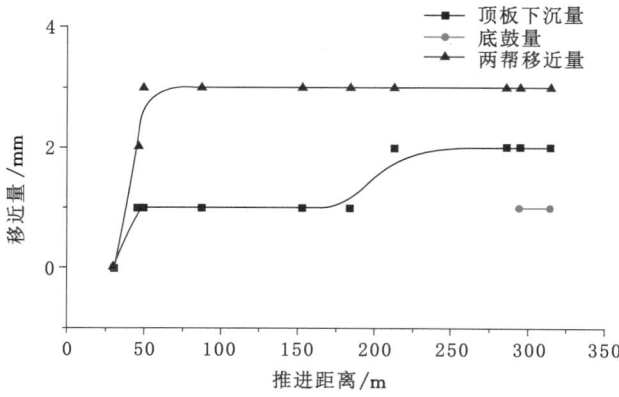

图 6.5　2#测点巷道移近量曲线

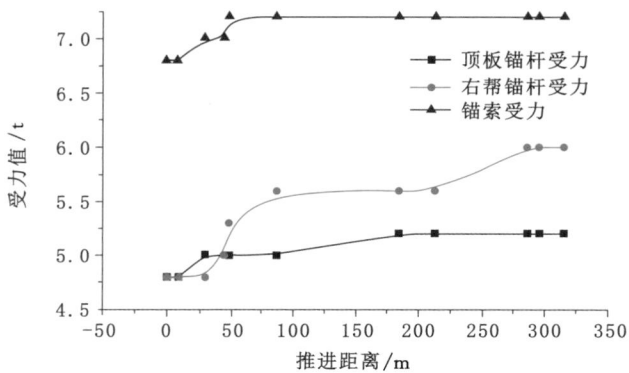

图 6.6　2#测点锚杆、锚索受力曲线

（3）3#测点矿压观测结果分析

3#测点巷道移近量及锚杆、锚索受力曲线如图 6.7 和图 6.8 所示。

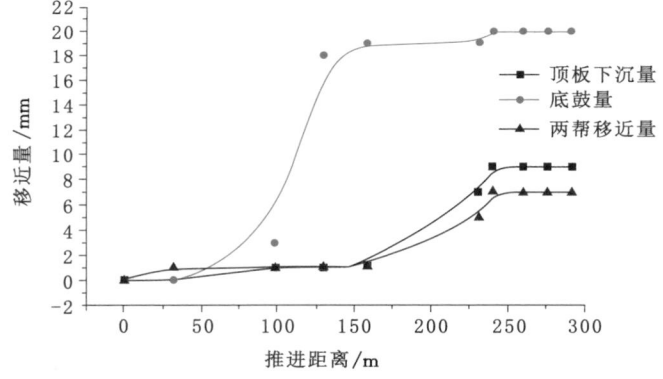

图 6.7　3#测点巷道移近量观测曲线

从图 6.7 的巷道移近量监测结果可以看出，在观测位置距掘进工作面 150 m 时，巷道底鼓量趋于稳定，最大底鼓量为 20 mm；距工作面 245 m 时，顶板及两帮的移近量开始趋于稳定。顶板最大下沉量为 9 mm，两帮最大移近量为 7 mm。

从图 6.8 可见，锚杆、锚索的受力情况较小，且受力值的变化幅度不大，这说明巷道处于较低的应力环境，同时也说明锚杆、锚索的预紧力保持效果较好。

从 1#、2#、3#测点的矿压观测结果比较可以看出：

11#煤层煤巷的顶板和两帮的移近量较小，其中顶板最大下沉量为 9 mm，

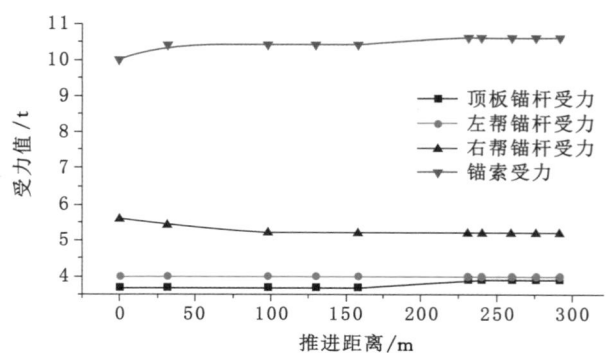

图 6.8 3# 测点锚杆、锚索受力曲线

两帮最大移近量为 7 mm,巷道围岩变形和顶板下沉得到了有效的控制。

从巷道的底鼓观测结果看,最大底鼓量为 57 mm。从现场观察发现,底鼓量较大的位置主要处于巷道低洼点等传统高应力区,该区由于有淋水积存,水对底板的稳定性(底鼓)影响较大。

从锚杆、锚索受力观测结果来看,锚杆、锚索的受力值很接近施工初期的安装应力值,锚杆、锚索支护系统的初期支护效率较高。

顶板离层量观测结果表明,顶板煤层与粉砂岩之间未出现明显离层现象,其支护顶板没有出现较大离层。

6.2.1.3 锚杆、锚索支护对顶板裂隙控制情况

为了进一步确定锚杆、锚索联合支护方案对所支护巷道围岩内裂隙弱结构的控制作用,在巷道的 1# 监测点进行顶板钻孔,利用钻孔窥视仪对顶板岩层的裂隙发育以及离层情况进行观测。窥视结果见图 6.9。

从图 6.9 钻孔窥视图像可以看出:虽然顶板煤层存在裂隙弱结构,但是在顶板锚杆和锚索共同作用下,裂隙没有出现剧烈的扩展与破坏,仅局部出现垂直裂隙,钻孔基本完好,顶板煤层和粉砂岩之间未出现明显离层,说明在锚杆、锚索作用下,巷道围岩形成了有效的承载结构,锚杆、锚索发挥了支护作用。

6.2.2 工作面回采期间支护效果实测研究

在工作面轨道巷道设置一个巷道围岩收敛观测站,采用"十字布点法"观测巷道顶底板移近量和两帮收缩量。

图 6.10 为副巷(轨顺)测点巷道两帮收敛曲线。从图中可以看出,回采期间巷道两帮移近量最大值为 5 mm,且随着工作面不断的推进,工作面距测点的距离越来越近,巷道两帮移近量呈逐渐上升的趋势,且逐渐趋于稳定。这也说明受

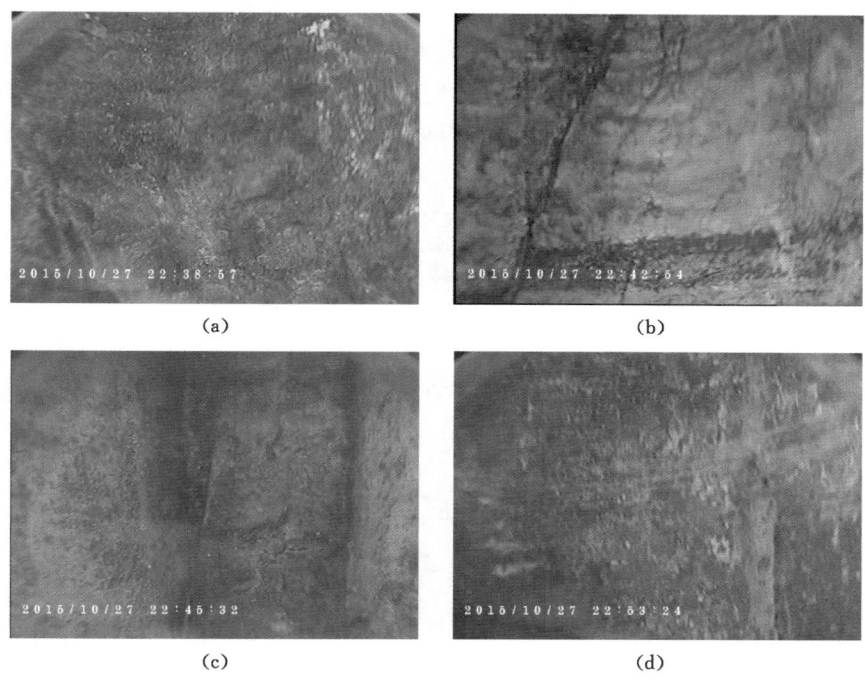

图 6.9　钻孔窥视效果图

(a) 孔深 1 m;(b) 孔深 2 m;(c) 孔深 3.5 m;(d) 孔深 4.5 m

到采动影响后,巷道超前支承压力不断增大,从图 6.10 中可以看出变形量呈阶梯性升高(尽管数值很小),超前支承压力的释放过程有一定的周期性。从整体的变形量来看,两帮的移近量很小,巷道支护稳定,整体性好。

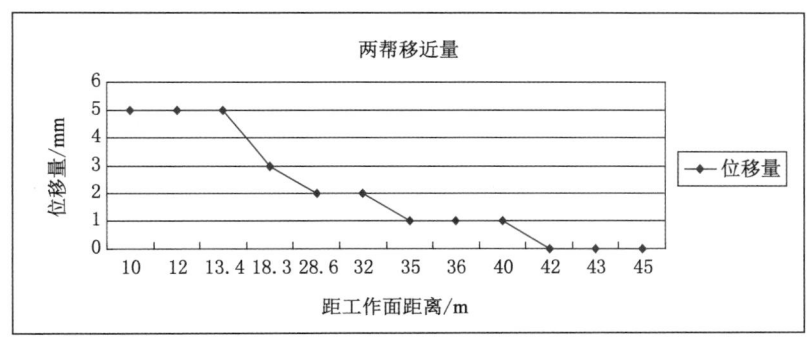

图 6.10　副巷(轨顺)测点巷道两帮收敛曲线

图 6.11 为副巷(轨顺)测点巷道顶板下沉曲线。从图中可以看出,工作面推进过程中,顶板下沉量最大值为 13 mm,整个过程变化比较稳定,说明采场支承压力向煤体深部传递的过程中,没有突变性,直接顶垮落比较及时且充分,基本顶断裂、回转、触矸过程平稳。巷道顶板整体下沉量不大,巷道的支护强度能够很好地适应采场矿山压力显现。

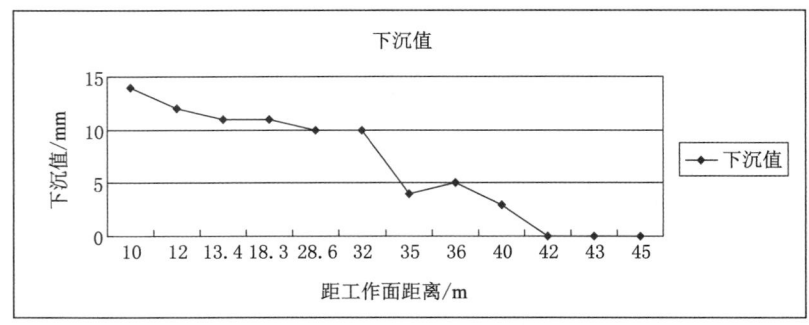

图 6.11 副巷(轨顺)测点巷道顶板下沉曲线

图 6.12 为副巷(轨顺)测点巷道活柱载荷曲线。从图中可以看出巷道超前支承活柱的工作阻力变化情况,随着采场的不断推进,超前支承压力保持稳定,随后出现整体下降趋势。到了距采煤工作面 30 m 后,由于工作面超前支架的前移,活柱载荷出现下降,至距采煤工作面 12 m 左右开始,活柱工作阻力趋于一个稳定值(8 MPa)。

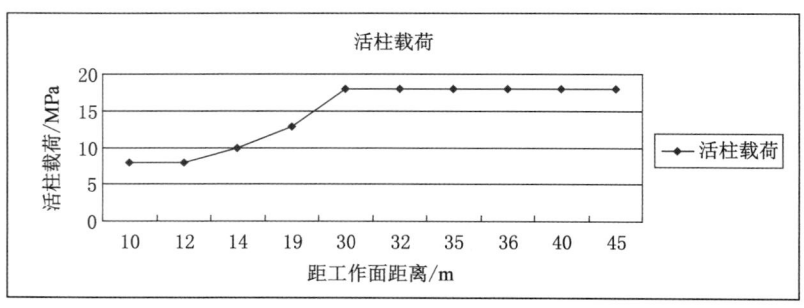

图 6.12 副巷(轨顺)测点巷道活柱载荷曲线

图 6.13 为副巷(轨顺)测点巷道活柱缩量曲线。从图中可以看出活柱下缩量的变化趋势。在距采煤工作面 36 m 以后,支护缩量基本不变说明采煤工作面的超前支承压力还没有影响到支柱;当距采煤工作面 36 m 以后(至 19 m),支柱缩量持续升高;在距工作面煤壁 15 m 范围内,下缩量为负值,也就是说,在这

个阶段范围内,由于超前支架的支撑影响,其活柱受力降低,支柱缩量出现负值。

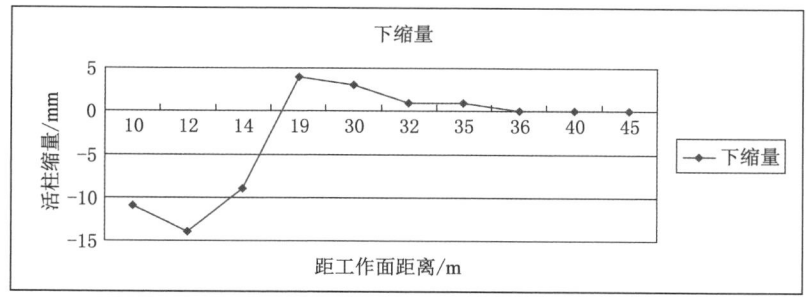

图 6.13　副巷(轨顺)测点巷道活柱缩量曲线

从总体分析来看,在回采过程中,两巷能够保持很好的稳定性,达到了预期的支护效果。

6.3　本 章 小 结

依据近距离采空区下淋水巷道围岩破坏规律与锚杆锚索支护机理,针对霍州煤电团柏煤矿地质条件,分析了工作面巷道稳定性影响因素,针对其破坏特点,将霍州煤电团柏煤矿 11-101 工作面顺槽作为试验段,进行现场试验。现场试验结果表明,采用锚杆、锚索联合支护技术,在掘巷和工作面回采期间,巷道围岩控制效果能够满足工作面正常生产,有效解决了近距离采空区下淋水巷道支护技术难题,研究结果为类似支护巷道提供了有益借鉴。

7 结论与展望

7.1 主要结论

针对近距离采空区下淋水巷道围岩变形以及支护控制问题,本书通过对团柏煤矿 11-101 工作面顶板岩层现场取岩样,进行室内物理力学试验,研究了水对岩体物理力学特性以及含水岩体裂隙发育规律,在此基础上,通过理论分析研究含水岩体裂隙发育的力学机理;利用钻孔窥视仪,研究了近距离下煤层淋水巷道顶板劣化特征;通过拉拔力学试验,研究了水对锚杆、锚索锚固段支护效应的影响;利用 FLAC3D 数值模拟,建立三维数值模型,研究了工作面开采底板破坏区发育规律,以及淋水巷道围岩随时间变化的变形破坏规律;最后通过研究锚杆、锚索对巷道顶板裂隙岩体、顶板离层的控制作用,研究了锚杆间距、锚杆预紧力以及锚索预紧力等参数对巷道围岩稳定的影响,提出锚杆、锚索联合支护方案,并通过团柏煤矿 11-101 工作面进行了验证。得到如下结论:

(1) 与干燥试件相比,随着浸泡时间的增加,试件的抗压强度明显减小,水对试件内的矿物和胶结物产生软化现象,压裂裂隙增多,裂隙发育非线性特点增强,从而造成试件被压裂,产生裂隙的多次闭合与张开,试件具有显著的残余抗压强度。

(2) 随着试件含水量的增加,水对岩石的物理化学作用程度逐渐增强,试件的弱化程度逐渐增大,抗拉强度不断减小。

(3) 含水受压后预裂隙两端均有明显的贯穿性翼裂隙产生,并且翼裂隙呈曲线发育扩展,末端次生裂隙发育,整个岩块裂隙较为发育。随着岩块预裂隙倾角的增大,翼裂隙数目逐渐增多,预裂隙倾角为 45°时,翼裂隙发育条数最多,翼裂隙周围破坏最为严重。随着预裂隙倾角的继续增大,翼裂隙条数又逐渐减小。

(4) 根据岩石力学理论,推导出含水裂隙岩体发生劈裂破坏和滑移破坏时的应力极限平衡公式,当岩体裂隙中含有渗透水压时,随着水压 p 的增大,岩体发生剪切滑移和劈裂所需的外力越小,裂隙岩体越易发生滑移与劈裂失稳破坏。

（5）工作面开采初期,工作面底板超前破坏区范围随工作面推进不断前移,超前破坏区范围及深度也不断增大,形成"倒三角"形塑性破坏区;工作面开采达到一定范围后,随着工作面开采范围的不断增大,工作面底板超前破坏范围变化不大,采空区中部底板塑性破坏区深度达到最大,走向水平范围不断增大,形成"盆地"状塑性破坏区;整个底板塑性破坏区,两端部以底板支承压力作用形成的压剪破坏为主,采空区中部以水平应力和支承压力产生的挤压应力共同作用形成的拉破坏塑性区为主,形成"剪切破坏-拉破坏-剪切破坏"的塑性区模式。

（6）近距离下煤层工作面回采巷道掘进成巷后,巷道顶板裂隙发育明显地分为三层:① 下层裂隙发育区。下层是由顶板弯拉破坏和支护应力作用造成的裂隙发育区,裂隙纵横交错,岩层较破碎;② 中层岩层完整区。此区域受上下工作面采动影响较小,一般裂隙不发育或仅有较少竖向或水平裂隙发育,岩层相对比较完整;③ 上层裂隙发育区。此区域主要由上煤层工作面开采超前支承压力在底板中传播造成的岩体压剪破坏以及远场应力产生的弯拉破坏,并在岩层水的作用下,裂隙较发育,岩体较为破碎。

（7）随着距离回采工作面越近,淋水巷道顶板受工作面采动影响越明显,中层完整区开始有竖向裂隙或水平裂隙发育,岩层内的裂隙出现渗流现象,巷道内淋水较为严重;随着淋水时间的增长,中层裂隙区裂隙的开度越大。并且在渗流水的作用下,下层裂隙发育区范围明显增大,因此,对于淋水巷道,越靠近工作面煤壁越要加强顶板支护。

（8）淋水巷道自成巷到进入工作面采空区,整个过程分为成巷初期和成巷中期以及采动影响期三个阶段,成巷初期和采动影响期是巷道变形量最大的两个阶段。成巷初期,巷道变形速度最大,巷道变形量与成巷时间呈线性增长关系,随着成巷时间的增长,巷道变形速度逐渐减小。成巷中期,巷道变形速度较小,巷道围岩进入流变阶段,变形量与时间呈线性关系,其中顶板下沉量和两帮变形量与成巷时间呈线性增长关系,底板变形量与成巷时间呈线性减小关系。在采动影响期,当巷道距离工作面较远时,巷道顶板下沉量和帮部变形量呈台阶状增长。随着巷道距离工作面越近,超前支承压力对巷道围岩的变形破坏影响越大,巷道变形速度和变形量越来越大。

（9）建立加锚裂隙力学模型,研究了锚杆、锚索控制裂隙发展机理,推导出渗透作用下加锚裂隙岩体滑移和劈裂破坏形式的极限平衡公式,选用拉剪破坏屈服强度高的锚杆以及防水效果好的锚固剂是提高裂隙岩体强度的最有效途径。

（10）建立多锚杆支护岩层力学模型,研究了多锚杆控制顶板离层机理,推导出顶板不发生离层时多锚杆预紧力公式,用以计算控制巷道顶板离层所需预紧力,为锚杆支护参数设计提供理论依据。

(11) 针对团柏煤矿 11-101 工作面淋水巷道工程实际条件,提出了锚杆、锚索联合支护技术,通过数值模拟试验和现场试验验证了淋水巷道锚杆、锚索联合支护的可行性。

7.2　创新点

本书的主要创新点体现在以下几方面:

(1) 根据岩石力学理论,推导出含水裂隙岩体发生劈裂破坏和滑移破坏时的应力极限平衡公式,揭示渗透水压与岩体滑移及劈裂失稳破坏的力学关系。

(2) 建立加锚裂隙岩体力学模型,研究了锚杆、锚索控制裂隙发展机理,推导出渗透作用下加锚裂隙岩体滑移和劈裂破坏形式的极限平衡公式,可根据加锚裂隙岩体应力状态判断其破坏形式,为裂隙岩体支护提供理论依据。

(3) 建立多锚杆支护岩层力学模型,研究了多锚杆控制顶板离层机理,推导出顶板不发生离层时多锚杆预紧力公式,用以计算控制巷道顶板离层所需预紧力,为锚杆支护参数设计提供理论依据。

7.3　展望

针对近距离采空区下淋水巷道围岩变形以及支护控制问题进行了研究,虽然取得了一些成果,尚存在不足之处,有待进一步开展相关研究工作:

(1) 在进行水对岩体裂隙发育影响研究时,书中仅对泡水湿润岩块进行了压缩裂隙发育试验,下一步尚需对渗流水条件下岩体裂隙发育规律进行研究。

(2) 由于锚杆控制岩体裂隙扩展机理复杂,本书仅从材料力学的角度进行了研究,下一步尚需利用弹塑性理论以及室内试验分析锚杆控制岩体裂隙发育的机理。

参 考 文 献

[1] 汤连生,周萃英.渗透与水化学作用之受力岩体的破坏机理[J].中山大学学报(自然科学版),1996,35(6):95-100.

[2] 姚强岭.富水巷道顶板强度弱化机理及其控制研究[D].徐州:中国矿业大学,2011.

[3] JEFFREY R G,MILLS K W. Hydraulic fracturing applied to inducing longwall coal mine goaf falls[C]. In 4th North American Rock Mechanics Symposium,2000:423-430.

[4] BRUNO M S,NAKAGAWA F M. Pore pressure influence on tensile fracture propagation in sedimentary rock[J]. International Journal of Rock Mechanics and Mining Sciences & Geomechanics Abstracts,1991,28(4):261-273.

[5] 黄润秋,王贤能,陈龙生.深埋隧道涌水过程的水力劈裂作用分析[J].岩石力学与工程学报,2000,19(5):573-576.

[6] 孙粤琳,沈振中,吴越健,等.考虑渗流-应力耦合作用的裂缝扩展追踪分析模型[J].岩土工程学报,2008,30(2):199-204.

[7] 徐光黎.节理张开度水力学分析[J].勘察科学技术,1993(2):3-6.

[8] 汤连生,张鹏程,王洋.水作用下岩体断裂强度探讨[J].岩石力学与工程学报,2004,23(19):3337-3341.

[9] 郑顾团,殷有泉,康仲远,等.有渗透作用的断裂带破裂机理的研究[J].科学通报,1990,35(15):1167-1170.

[10] 陈钢林,周仁德.水对受力岩石变形破坏宏观力学效应的实验研究[J].地球物理学报,1991,34(3):335-342.

[11] 黄伟,周文斌,陈鹏.水-岩化学作用对岩石的力学效应的研究[J].西部探矿工程,2006,18(1):122-125.

[12] DUNNING J,DOUGLAS B,MILLER M,et al. The role of the chemical

environment in frictional deformation:Stress corrosion cracking and comminution[J]. Pure and Applied Geophysics PAGEOPH,1994,143(1/2/3):151-178.

[13] LISTE J R,KERR R C. Fluid-mechanical models of crack propagation and their application to magma transport in Dykes [J]. Journal of Geophysical Research Solid Earth,1991,96(B6):10049-10077.

[14] DIETERICH J H,CONRAD G. Effect of humidity on time- and velocity-dependent friction in rocks[J]. Journal of Geophysical Research:Solid Earth,1984,89(B6):4196-4202.

[15] 周翠英,彭泽英,尚伟,等. 论岩土工程中水-岩相互作用研究的焦点问题:特殊软岩的力学变异性[J]. 岩土力学,2002,23(1):124-128.

[16] 刘树新,张飞,赵学友. 深埋隧硐含水围岩弹塑性稳定极限平衡分析[J]. 包头钢铁学院学报,2005,24(1):1-4.

[17] 宋晓晨,徐卫亚. 非饱和带裂隙岩体渗流的特点和概念模型[J]. 岩土力学,2004,25(3):407-411.

[18] 杨立中,黄涛,钟生军. 隧道含水围岩非均质各向异性渗透特性的研究[J]. 铁道工程学报,1996,13(2):63-69.

[19] 罗声,许模,康小兵. 考虑动水压力的裂隙岩体裂纹扩展机理研究及应用[J]. 南水北调与水利科技,2015,13(4):726-728.

[20] 汪亦显. 含水及初始损伤岩体损伤断裂机理与实验研究[D]. 长沙:中南大学,2012.

[21] 康红普. 水对岩石的损伤[J]. 水文地质工程地质,1994,21(3):39-41.

[22] 朱珍德,胡定. 裂隙水压力对岩体强度的影响[J]. 岩土力学,2000,21(1):64-67.

[23] HAWKINS A B,MCCONNELL B J. Sensitivity of sandstone strength and deformability to changes in moisture content[J]. Quarterly Journal of Engineering Geology and Hydrogeology,1992,25(2):115-130.

[24] OJO O,BROOK N. The effect of moisture on some mechanical properties of rock[J]. Mining Science and Technology,1990,10(2):145-156.

[25] CHUGH Y P,MISSAVAGE R A. Effects of moisture on strata control in coal mines[J]. Engineering Geology,1981,17(4):241-255.

[26] 刘光廷,胡昱. 李鹏辉. 软岩遇水软化膨胀特性及其对拱坝的影响[J]. 岩石力学与工程学报,2006,25(9):1729-1734.

[27] 汤连生,张鹏程,王思敬. 水-岩化学作用的岩石宏观力学效应的试验研究

[J].岩石力学与工程学报,2002,21(4):526-531.

[28] 刘建,乔丽苹,李鹏.砂岩弹塑性力学特性的水物理化学作用效应-试验研究与本构模型[J].岩石力学与工程学报,2009,28(1):20-29.

[29] 陈四利,冯夏庭,周辉.化学腐蚀下砂岩三轴压缩力学效应的试验[J].东北大学学报(自然科学版),2003,24(3):292-295.

[30] 陈四利,冯夏庭,李邵军.岩石单轴抗压强度与破裂特征的化学腐蚀效应[J].岩石力学与工程学报,2003,22(4):547-551.

[31] DIETERICH J H,CONRAD G. Effect of humidity on time- and velocity-dependent friction in rocks[J]. Journal of Geophysical Research:Solid Earth,1984,89(B6):4196-4202.

[32] 韩琳琳,徐辉,李男.干燥与饱水状态下岩石剪切蠕变机理的研究[J].人民长江,2010,41(15):71-74.

[33] 侯艳娟,张顶立,郭富利.涌水隧道支护对围岩力学性质的影响[J].中南大学学报(自然科学版),2010,41(3):1152-1157.

[34] 赵永峰.顶板淋水对巷道围岩变形的影响数值分析[J].煤炭科学技术,2012,40(12):27-30.

[35] 章元爱,梅志荣,张军伟,等.富水复杂地质围岩稳定性评价与支护系统优化[J].铁道工程学报,2012(1):51-56.

[36] 王昆.含裂隙水巷道变形破坏特征研究[D].淮南:安徽理工大学,2014.

[37] 唐春安,唐世斌.岩体中的湿度扩散与流变效应分析[J].采矿与安全工程学报,2010,27(3):292-298.

[38] 常春,周德培,郭增军.水对岩石屈服强度的影响[J].岩石力学与工程学报,1998,17(4):407-411.

[39] 于青春,刘丰收,大西有三.岩体非连续裂隙网络三维面状渗流模型[J].岩石力学与工程学报,2005,24(4):662-668.

[40] 吉小明,王宇会,阳志元.隧道开挖问题中的流固耦合模型及数值模拟[J].岩土力学,2007,28(增刊):379-384.

[41] 王林,徐青.基于蒙特卡罗随机有限元法的三维随机渗流场研究[J].岩土力学,2014,35(1):287-292.

[42] 任文峰.高水压隧道应力场-位移场-渗流场耦合理论及注浆防水研究[D].长沙:中南大学,2013.

[43] 赵延林.裂隙岩体渗流-损伤-断裂耦合理论及应用研究[D].长沙:中南大学,2009.

[44] 杨敬轩,刘长友,杨宇,等.浅埋近距离煤层房柱采空区下顶板承载及房柱

尺寸[J].中国矿业大学学报,2013,42(2):161-168.

[45] 白庆升,屠世浩,王方田,等.浅埋近距离房式煤柱下采动应力演化及致灾机制[J].岩石力学与工程学报,2012,31(A02):3772-3778.

[46] 周楠,张强,安百富,等.近距离煤层采空区下工作面矿压显现规律研究[J].中国煤炭,2011(2):48-51.

[47] 樊俊鹏.近距离煤层采空区下工作面矿压规律研究[D].淮南:安徽理工大学,2015.

[48] 谢文兵,史振凡,殷少举.近距离跨采对巷道围岩稳定性影响分析[J].岩石力学与工程学报,2004,23(12):1986-1991.

[49] 黄乃斌,张向阳.近距离采空区下开采覆岩移动规律相似模拟研究[J].煤炭技术,2006,25(6):117-119.

[50] 郑新旺.近距离煤层采空区下底板破坏特征及影响分析[D].焦作:河南理工大学,2011.

[51] 屠世浩,窦凤金,万志军,等.浅埋房柱式采空区下近距离煤层综采顶板控制技术[J].煤炭学报,2011(3):366-370.

[52] 方新秋,郭敏江,吕志强.近距离煤层群回采巷道失稳机制及其防治[J].岩石力学与工程学报,2009,28(10):2059-2067.

[53] 牛学超,岳中文,窦波洋.新峪煤矿近距离煤层采空区下巷道顶板破坏特征分析[J].煤炭技术,2014,33(3):76-79.

[54] 沈运才.近距离采空区下松散煤层巷道支护技术研究[D].徐州:中国矿业大学,2008.

[55] 林健,范明建,司林坡,等.近距离采空区下松软破碎煤层巷道锚杆锚索支护技术研究[J].煤矿开采,2010,15(4):45-50.

[56] 薛吉胜,范志忠,黄志增.极近距离煤层采空区下工作面两巷合理位置确定[J].煤炭科学技术,2012,40(4):37-41.

[57] 张百胜,杨双锁,康立勋,等.极近距离煤层回采巷道合理位置确定方法探讨[J].岩石力学与工程学报,2008,27(1):97-101.

[58] 刘志阳.极近距离煤层采空区下综放面矿压规律与控制研究[D].北京:中国矿业大学,2014.

[59] 郭伟.极近距离煤层采空区下回采巷道稳定性分析及控制技术研究[D].太原:太原理工大学,2015.

[60] 陈殿赋.采空区下坚硬顶板动压显现特征及控制技术[J].煤炭科学技术,2014,42(10):125-128.

[61] 龚红鹏,李建伟,陈宝宝.近距离煤层群开采覆岩结构及围岩稳定性研究

[J].煤矿开采,2013,18(5):90-92.

[62] 史元伟,郭潘强,康立军,等.矿井多煤层开采围岩应力分析与设计优化
[M].北京:煤炭工业出版社,1995:8-12.

[63] 朱涛,张百胜,冯国瑞,等.极近距离煤层下层煤采场顶板结构与控制[J].
煤炭学报,2010,35(2):190-193.

[64] 刘长友,杨敬轩,于斌,等.多采空区下坚硬厚层破断顶板群结构的失稳规
律[J].煤炭学报,2014,39(3):395-403.

[65] 刘志耀.贺西矿近距离煤层采空区下回采巷道布置优化[J].煤炭科学技
术,2009,37(3):20-22

[66] 安宏图.极近距离煤层采空区下回采巷道布置与围岩控制技术研究[D].太
原:太原理工大学,2015.

[67] 史元伟.采场围岩应力分布特征的数值法研究[J].煤炭学报,1993(4):
13-23.

[68] 吴爱民,左建平.多次动压下近距离煤层群覆岩破坏规律研究[J].湖南科
技大学学报(自然科学版),2009,24(4):1-6.

[69] 吴爱民.钱家营近距离煤层煤岩体破坏与巷道优化支护研究[D].北京:中
国矿业大学,2010.

[70] 温大维,吴爱民.困难条件下的煤巷锚杆控顶技术[J].煤炭科学技术,
1999,27(6):1-6.

[71] 朱卫兵.浅埋近距离煤层重复采动关键层结构失稳机理研究[D].徐州:中
国矿业大学,2010.

[72] 姚强岭,李学华,陈庆峰.含水砂岩顶板巷道失稳破坏特征及分类研究[J].
中国矿业大学学报,2013,42(1):50-56.

[73] 李刚,梁冰.水影响下软岩巷道变形规律及其控制[J].辽宁工程技术大学
学报(自然科学版),2009,28(增刊):219-221.

[74] 俞家新.深部大倾角含水大断面巷道支护技术[J].煤炭科技,2007(2):
40-42.

[75] 戴大鹏,靖洪文,苏海健.富水条件下软岩巷道破坏机理与控制对策[J].煤
矿安全,2011,42(6):152-155.

[76] 许兴亮,张农.富水条件下软岩巷道变形特征与过程控制研究[J].中国矿
业大学学报,2007,36(3):298-302.

[77] 王成,韩亚峰,张念超,等.渗水泥化巷道锚杆支护围岩稳定性控制研究
[J].采矿与安全工程学报,2014,31(4):575-579.

[78] 严红,何富连,段其涛.淋涌水碎裂煤岩顶板煤巷破坏特征及控制对策研究

[J].岩石力学与工程学报,2012,31(3):524-533.

[79] 高明仕,张农,张连福,等.伪硬顶高地压水患巷道围岩综合控制技术及工程应用[J].岩石力学与工程学报,2005,24(21):3996-4002.

[80] 刘孔智,曾佑富,伍永平.富水大断面煤巷结构耦合支护技术[J].西安科技大学学报,2010,30(6):662-666.

[81] 李国富,李珠,李玉辉,等.泥质类膨胀软岩巷道注浆强化防水控制研究[J].太原理工大学学报,2009,40(2):148-151.

[82] 胡滨,康红普,林健,等.水对树脂锚杆锚固性能影响研究[J].煤矿开采,2013,18(5):44-47.

[83] 夏宁,任青文,曹茂森.锈蚀锚杆与砂浆黏结机理试验研究[J].岩土工程学报,2007,29(8):1240-1243.

[84] 薛亚东,黄宏伟.水对树脂锚索锚固性能影响的试验研究[J].岩土力学,2005,26(增刊):31-34.

[85] 韦立德,陈从新,徐健,等.考虑渗流和锚固作用的强度折减有限元法研究[J].岩石力学与工程学报,2008,27(增刊2):3471-3476.

[86] 汪班桥,门玉明,沈星.水作用下黄土土层锚杆的预应力损失[J].水文地质工程地质,2010,37(1):76-79.

[87] 勾攀峰,陈启永,张盛.钻孔淋水对树脂锚杆锚固力的影响分析[J].煤炭学报,2004,29(6):680-683.

[88] 张盛,勾攀峰,樊鸿.水和温度对树脂锚杆锚固力的影响[J].东南大学学报(自然科学版),2005,35(增刊1):49-54.

[89] 薛亚东,黄宏伟.锚索锚固力影响因素的试验分析研究[J].岩土力学,2006,27(9):1523-1526.

[90] 杨绿刚.防水树脂锚固剂的试验研究[J].煤矿安全,2008,3:11-13.

[91] 国家安全生产监督管理总局,国家煤矿安全监察局.煤矿安全规程[M].北京:煤炭工业出版社,2004.

[92] 张百胜.极近距离煤层开采围岩控制理论及技术研究[D].太原:太原理工大学,2008.

[93] 蒋金泉.采场围岩应力与运动[M].北京:煤炭工业出版社,1993.

[94] 陈炎光,钱鸣高.中国煤矿采场围岩控制[M].徐州:中国矿业大学出版社,1995.

[95] 周宏伟,谢和平,左建平.深部高地应力下岩石力学行为研究进展[J].力学进展,2005,35(1):91-99.

[96] PATERSON M S. Experimental deformation and faulting in wombeyan

marble[J]. Geological Society of America Bulletin,1958,69(4):465.

[97] 高延法,李白英.受奥灰承压水威胁煤层采场底板变形破坏规律研究[J].
煤炭学报,1992,17(2):32-39.

[98] 李白英.预防矿井底板突水的"下三带"理论及其发展与应用[J].山东矿业
学院学报,1999(4):11-18.

[99] 曹胜根,刘文斌.房式采煤工作面的底板岩层应力分析[J].湘潭矿业学院
学报,1998(3):14-19.

[100] 王作宇,刘鸿泉.承压水上采煤[M].北京:煤炭工业出版社,1993.

[101] 王作宇.底板零位破坏带最大深度的分析计算[J].煤炭科学技术,1992,
20(2):2-6.

[102] 关英斌,李海梅,路军臣.显德汪煤矿 9 号煤层底板破坏规律的研究[J].
煤炭学报,2003,28(2):121-125.

[103] 孟祥瑞,徐铖辉,高召宁,等.采场底板应力分布及破坏机理[J].煤炭学
报,2010,35(11):1832-1836.

[104] 施龙青,朱鲁,韩进,等.矿山压力对底板破坏深度监测研究[J].煤田地质
与勘探,2004,32(6):20-23.

[105] 于小鸽,韩进,施龙青,等.基于 BP 神经网络的底板破坏深度预测[J].煤
炭学报,2009,34(6):731-736.

[106] 李斌.近距离煤层回采巷道布置方式研究[J].煤炭工程,2012(增刊):
27-29.

[107] 高建军,张忠温.平朔矿区近距离煤层采空区下巷道支护技术研究[J].煤
炭科学技术,2014,42(5):1-4.

[108] 王元明,冯伟,柏建彪.采空区下综采工作面大断面切眼支护技术[J].煤
炭科学技术,2011,39(6):6-8.

[109] 杨智文.极近距离煤层多采空区下巷道稳定性影响因素及支护对策研究
[J].中国煤炭,2014(4):60-64.

[110] 张忠温,吴吉南,范明建,等.近距离煤层采空区下巷道支护技术研究与应
用[J].煤炭工程,2015,47(2):37-40.

[111] 任海峰,胡俊峰,肖江.近距离采空区下回采巷道支护参数设计[J].煤矿
安全,2014,45(4):198-200.

[112] 黄仲文.上下煤层采空区间巷道围岩松动区和损伤区的弹塑性分析[J].
煤矿安全,2015,46(1):194-197.

[113] 郝朝瑜,王继仁,张俭.近距离煤层群联合开采底板巷道围岩支撑压力研
究[J].矿业快报,2007,23(9):21-23.

[114] 沈明荣,陈建峰.岩体力学[M].上海:同济大学出版社,2006.

[115] 汪亦显.含水及初始损伤岩体损伤断裂机理与实验研究[D].长沙:中南大学,2012.

[116] 张洁.浅谈坝基渗透破坏机理[J].科技资讯,2012,10(14):49-50.

[117] 蔡美峰.岩石力学与工程[M].北京:科学出版社,2002.

[118] 钱鸣高,石平五.矿山压力与岩层控制[M].徐州:中国矿业大学出版社,2005:253.

[119] 姜福兴.矿山压力与岩层控制[M].北京:煤炭工业出版社,2004:333.

[120] 陈炎光,陆士良.中国煤矿巷道围岩控制[M].徐州:中国矿业大学出版社,1994.

[121] 张百胜.极近距离煤层开采围岩控制理论及技术研究[D].太原:太原理工大学,2008.

[122] 孙建.倾斜煤层底板破坏特征及突水机理研究[D].徐州:中国矿业大学,2011.

[123] 张培鹏.上覆高位硬厚关键层结构演化特征及微震活动规律研究[D].青岛:山东科技大学,2015.

[124] 孙伯乐.采动巷道围岩大变形机理及控制研究[D].太原:太原理工大学,2012.

[125] 刘成.近距煤层大断面回采巷道底鼓机理及其防治对策[D].太原:太原理工大学,2014.

[126] 于远祥.矩形巷道围岩变形破坏机理及在王村矿的应用研究[D].西安:西安科技大学,2013.

[127] 黄万朋.深井巷道非对称变形机理与围岩流变及扰动变形控制研究[D].北京:中国矿业大学,2012.

[128] 冯冶.深部矿井回采巷道围岩变形失稳分析[D].西安:西安科技大学,2010.

[129] 李波.近距离煤层开采下位煤层巷道布置及支护技术研究[D].北京:中国矿业大学,2011.

[130] 东兆星,吴士良.井巷工程[M].徐州:中国矿业大学出版社,2009.

[131] 候朝炯,郭励生,勾攀峰.煤巷锚杆支护[M].徐州:中国矿业大学出版社,1999.

[132] 邹志辉,汪志林.锚杆在不同岩体中的工作机理[J].岩土工程学报,1993,15(6):71-79.

[133] 宋宏伟.非连续岩体中锚杆横向作用的新研究[J].中国矿业大学报,

2003,32(2):161-164.

[134] 康红普,姜铁明,高富强.预应力锚杆支护参数的设计[J].煤炭学报,
2008,33(7):721-726.